生態リスク学入門

予防的順応的管理

Ecological Risk Science for Beginners:
Precautionary Adaptive Management

松田裕之 [著]

Hiroyuki Matsuda

共立出版

序

人と自然の持続可能な関係を目指す

　リスクとは，人が望ましくないと考えている事象が起こる可能性（危険性）のことである．生態リスクとは，生物界に悪影響を与えるような事象が起こる危険性を指す．本書は，この生態リスクを評価し，管理するための考え方を紹介する教科書である．

　中西準子（2004）『環境リスク学—不安の海の羅針盤』によれば，リスクには3種類あるという．1つは「科学的に詰めて得られたリスクの大きさ（科学的評価リスク）」．本書でまず扱うのは主にこれである．第2に「社会の意志決定で用いられるリスクの大きさ（意志決定のためのリスク）」．1つ目と同じようにみえるが，考え方の違いやデータの不確実性を考慮して科学的評価リスクよりやや大きめに評価されることが多いという．つまり，これらは異なる定義というよりは，リスクの大きさを評価する上で，同じ分析でも大きめに見積もるかどうかの差といえるだろう．その意味では，本書は第2のリスクも多々扱っている．最後に「かなりの国民が抱く不安としてのリスクの大きさ」．彼女の本の副題にあるとおり，人々は不安を感じる．本書では第3のリスクそのものは扱わない．リスクの科学が不安を拭えるかといえば，必ずしもそうではない．たとえば本書ではヒグマとの共存を目指すリスク管理方策を提案しているが，そのリスクを測ったからといって，ヒグマに出会ったときの恐怖が減るわけではない．ヒグマ出没情報が出たらびくびくすることだろう．

　では，本書は何のためにリスクを論じるのか．それは，人と自然の持続可能な関係を目指す上で，リスク概念が欠かせないと考えるからである．現代の先進国の人々が自然保護を訴える1つの動機は，近代文明が自然を壊してしまい，後世の人々が自然を利用し，自然と触れ合うことができなくなるという危機感だろう．他方，同じ環境リスクでも人の健康に与えるリスクは少し

動機が違うと思う．食品添加物や放射線など，20世紀になって顕著になった人の健康を侵すリスクを避け，安全を求めることが動機の1つだと思われる．

しばしば忘れられているかもしれないが，ここに，健康リスクと生態リスクの大きな違いがある．自然保護とは，本来は，人の安全を求める思想ではない．なぜなら，自然はもともと危険なものだからだ．ヒグマとの共存はその典型である．俗に「枕を高くして寝る」というが，野生動物は常に外敵に襲われる危険があり，その意味では不安がつきまとうのが日常である．自然保護とは，リスクのない社会を目指すことではない．

根本は同じことだが，生態系は不確実であり，未来をひと通りに予測することはできない．必ず成功するという保証もない．したがって，あらゆる生態系管理は不確実性を伴うリスク管理になる．

本書は，自然界の「あり方」を論じる通常の生態学の教科書ではない．人と自然の「望ましい関係」を論じるための理論的技法を提供するための教科書である．どのような関係を望ましいと考えるかは社会の価値観の選択だが，ある関係を目指す上で，それがどの程度実現性のあるものか，目的達成に効果的な手段が何かを論じるための技法を提供する．ただし，どんな価値観にも対処できるようには想定していない．本書全体を通じて，人と自然の持続可能な関係を目指すことが想定されている．そのために，乱獲を避け，絶滅危惧種を守ると同時に，人々の生活も成り立つような解を求めている．

具体的事例にこだわる

私の標語は「基礎科学は意外性を重んじ，応用科学は常識を重んじる」である．基礎科学は新たな発見を求める．今まで予想もしなかったような発見こそが基礎科学の醍醐味であり，先行研究の追試はそれなりの価値があるものの，それだけでは物足りない．しかし，応用科学はそうではない．具体的な社会的事例に対して，その合理的な解を求めることが応用科学の使命である．そうだとすれば，奇をてらうより，陳腐でもその事例に最も即した解を提示することが最大の責務である．多くの場合，常識こそが最大の手本となると思う．

やや類型化していえば，ひと昔前まで，理学部の学位審査では大学院生の

研究に対して,「何が新しいか」とか「何が面白いか」と専門外の審査員から質問が飛んだ.それに対して工学部や農学部の学位審査では,「何の役に立つのか」という質問が飛んだ.最近ではこの垣根はほとんどなくなったと思うが,応用科学系の学位論文には,冒頭にほとんど必ず,扱った研究対象は社会経済的に重要な生物であるなどと断られていた.私はそうした分野の垣根を気にしない人間だが,「論理的に間違っている」という批判の次に,「面白くもなく,役にも立たない」研究というのが最も辛口の批判をするときの常套文句である.

この類型化に従えば,本書は典型的な応用科学の教科書である.そのため,抽象的な一般論は,はじめの第1章と最終第15章を除いて本書にはない.第2章と第3章は人の健康リスクについて説明し,その後に続く生態リスクを学ぶ上で必要最低限の考え方の基本を紹介した.第4章の水産資源管理から第14章のヒグマ管理論まで,具体的な事例に即して生態リスクの考え方を説明している.そのため,いくつかの数学的技法が重複して出てくることがあるが,一度ですべて理解する読者が少ないとすれば,むしろ同じ技法を異なる事例で紹介することで,理解を深めることができるだろう.

その上で,読者に理解していただきたいことは,現実の問題に答える解を見出すという徹底した姿勢である.私は評論をするため,論文を書くために生態リスク論を駆使しているのではない.社会的に合意可能で,目的を達成できるような具体的な解を見出すために生態リスクの手法を駆使してきたつもりである.

私事で恐縮だが,本書の執筆中の2007年は私にとって激動の年だった.過去の私の最大の関心事を年ごとにあげれば,2000年 愛知万博計画激変,2001年 奄美自然の権利訴訟,2002年 WWFジャパンの管理捕鯨対話宣言,2005年 知床世界遺産登録と続いたが,2007年は横浜国大グローバルCOE(文科省が2006年に定めた63の大学教育研究拠点)のプログラムリーダーとして申請した「アジア視点の国際生態リスクマネジメント」が無事に採択された.残念ながら全国で「生態」を課題名に掲げた2006年度で唯一のCOEとなった.本書はその理念を達成する技法と具体的事例紹介のために著した教科書である.

本書第1章に述べるように，リスクの科学は比較的新しい分野である．不確実性に対処するあらゆる分野に共通の考え方に基づいているから，やがては統計学のように，あらゆる科学であたり前のように使われる概念となるだろう．それにはまだ時間がかかるが，本書がリスク概念の普遍化と生態学分野での定着に貢献できることを期待している．

ウェブサイトの活用

本書で示す数学的技法は，本書のウェブサイト[*1]にある Microsoft Excel ファイルで追試できる．本書の内容を理解するには，同じ図を自ら描くことが最適である．数学や統計にあまり得意でない読者にも取り組めるものとして，とりあえず Excel ファイルを掲載しているが，これを Mathemataica などの数式処理ソフト，あるいは R などの言語で追試していただける読者を歓迎する．そのようなファイルもぜひウェブサイトで紹介させていただきたい．

本書の巻末には索引が載せられているが，索引はウェブサイトにも掲載し，必要に応じて更新する．文字列を検索することで，より効率的に必要な情報がどこに掲載されているか（いないか）を探すことができるだろう．また，英語（と可能な限り中国語）を載せる．文科省国語審議会のウェブサイトを参考にカタカナ用語を和語や漢語に置き換えているものがあるが，それらは英語のローマ字表記で検索していただきたい．さらに，訂正や質問など，出版後の読者との通信にもこのウェブサイトを活用する．

本書の章のタイトルは比喩的表現を用いていて，教科書として各章の内容がつかみづらいかもしれない．各章の節の題名を見れば，ほぼその内容がわかるはずである．念のため，各章の内容をひと眼でとらえるためのキーワードを表 0.1 に示す．

本書は，2005 年 4 月号から 11 月号にかけて湊文社『アクアネット』誌に 8 回連載した「リスクの科学入門」をもとに，それぞれを加筆して第 1, 2, 3, 4, 6, 9, 10, 15 章とし，他の 7 章を加えたものである．多忙にかまけて連載公表の後の筆が遅く，本書の執筆のもととなった連載の機会を与えていた

[*1] http://risk.kan.ynu.ac.jp/matsuda/2008/riskscience.html

表 0.1　各章の内容を表すキーワード

第 1 章　リスクに備える
予防原則　不確実性　第 1 種の誤り　第 2 種の誤り　リスクコミュニケーション　生態系サービス　リスクトレードオフ　環境正義

第 2 章　リスクを飲む
健康リスク　閾値のあるモデル　閾値のないモデル　外挿　感染リスク　塩素殺菌　トリハロメタン　発癌リスク　リスクトレードオフ

第 3 章　リスクを食らう
メチル水銀　水銀中毒　食品安全基準　自主管理　高リスク群　1 日耐用摂取量　水俣病　胎児リスク　不飽和脂肪酸　リスクトレードオフ

第 4 章　リスクを冒す
水産資源管理　最大持続収獲量　MSY 理論　漁獲可能量（TAC）　順応的管理　生物学的許容漁獲量（ABC）　マイワシ　マサバ　乱獲　サンマの国際管理　資源回復確率

第 5 章　リスクに染まる
化学物質　生態リスク評価　重金属　環境基準　亜鉛　定量的構造活性相関（QSAR）　個体群存続可能性解析　種の感受性分析

第 6 章　リスクを避ける
外来生物法　特定外来生物　バラスト水　トリブチルスズ（TBT）　ブラックバス　外来種防除事業　費用対効果　外来種侵入リスク　コクチバス駆除マニュアル　密放流　非意図的導入

第 7 章　リスクを払う
マングース防除計画　ミバエ根絶　不妊雄　個体数空間分布　確率論的リスク　リスクの段階分け　費用対効果　取り残し一定方策

第 8 章　リスクを示す
絶滅危惧植物　絶滅リスク評価　レッドリスト掲載基準　環境省植物レッドリスト　専門家の判断　ベイズ法

第 9 章　リスクを嫌う
トド　絶滅リスク　生物多様性条約　持続可能な資源利用　ミナミマグロ　野生生物保護　混獲　生物学的潜在駆除数（PBR）　知床世界遺産　海域管理計画　漁業被害　国際捕鯨委員会

第 10 章　リスクを操る
ダム　堰堤　生態系管理　知床世界遺産　水量管理　洪水　生態系サービス　自然撹乱　絶滅リスク

第 11 章　リスクを凌ぐ
動的最適化　未定乗数法　成長乱獲　加入乱獲　影の価格　リスクトレードオフ　マサバ　最適漁獲開始年齢

第 12 章　リスクを比べる
風力発電　鳥衝突リスク　化石燃料　確認埋蔵量　温暖化　自然公園　リスクトレードオフ　順応的管理

第 13 章　リスクを御する
エゾシカ　ニホンジカ　特定鳥獣保護管理計画　個体数推定　順応的管理　順応学習　ベイズ法　最尤法　鳥獣保護法

第 14 章　リスクを容れる
ヒグマ　ツキノワグマ　保護管理計画　ワシントン条約　ウェンカムイ管理論　危機管理　ニホンザル

第 15 章　リスクに学ぶ
リスク分析　生態リスク管理の基本手順　国際捕鯨委員会

だいた湊文社の鈴木菜絵氏，第 1 章から第 3 章の考え方の参考にさせていただいた中西準子氏，本書の各章の内容をともに手がけていただいた小山田誠一氏（第 4 章），内藤航氏，加茂将史氏，加賀谷隆氏，岩崎雄一氏，勝川木綿氏（第 5 章），加藤団氏，安江尚孝氏，森山彰氏（第 6 章），小谷浩示氏，阿部慎太郎氏，石井宏昌氏，佐々木茂樹氏（第 7 章），宗田一男氏，藤田卓氏，矢原徹一氏（第 8 章），服部薫氏，山村織生氏（第 9 章），益永茂樹氏（第 10 章），島田泰夫氏，杉本寛氏，魚崎耕平氏（第 12 章），山村光司氏，宇野裕之氏（第 13 章），間野勉氏，釣賀一二三氏，山中正実氏，金沢文吾氏（第 14 章），伊藤公紀氏（第 15 章）に感謝する．さらに，本書原稿の内容をまとめる上で議論を深めていただいた池袋数理生態モデル勉強会，横浜国大松田研究室，横浜国大グローバル COE メンバーの方々，本書の出版を粘り強く勧めていただいた共立出版の信沢孝一氏，原稿を丁寧に検討いただいた池尾久美子氏に感謝する．

2008 年 1 月 6 日 新年の自宅にて　　　　　　　　　　　松　田　裕　之

目　　次

序 …………………………………………………………………………… i

chapter 1　リスクに備える　予防原則　　　　　　　　　　　　　　 1

1.1　不確実性の時代 ……………………………………………………… 1
1.2　2つの誤り ……………………………………………………………… 3
1.3　リスクコミュニケーション …………………………………………… 4
1.4　生態系サービスの価値 ……………………………………………… 6
1.5　リスクトレードオフと環境正義 ……………………………………… 10

chapter 2　リスクを飲む　飲料水の健康リスク　　　　　　　　　　　15

2.1　閾値のあるモデルと閾値のないモデル …………………………… 15
2.2　水道水による原虫の感染リスク …………………………………… 20
2.3　塩素殺菌によるトリハロメタンの発癌リスク ……………………… 21
2.4　原虫リスクと発癌リスクを比較する ………………………………… 22

chapter 3　リスクを食らう　魚の水銀含有量　　　　　　　　　　　　25

3.1　魚の水銀含有量 ……………………………………………………… 25
3.2　『注意事項』からリスクの自主管理を考える ……………………… 27
3.3　高リスク群のリスク評価 …………………………………………… 29

chapter 4　リスクを冒す　水産資源管理とリスク評価　　　　　　　　35

4.1　最大持続収獲量（MSY）理論 ……………………………………… 35
4.2　漁獲可能量（TAC）制度 …………………………………………… 37
4.3　水産資源の順応的リスク管理 ……………………………………… 38

4.4　生物学的許容漁獲量決定規則のリスク管理 ………………… *39*
  4.5　マイワシとマサバの乱獲問題 …………………………………… *42*
  4.6　サンマの国際管理 ………………………………………………… *45*

chapter **5**　リスクに染まる　化学物質の生態リスク評価　　　　*49*

  5.1　化学物質の環境基準の考え方 …………………………………… *49*
  5.2　亜鉛の生態リスク評価 …………………………………………… *52*
  5.3　大量の化学物質の環境リスクを評価する ……………………… *58*
  5.4　化学物質の野生生物への生態リスクを評価する ……………… *59*

chapter **6**　リスクを避ける　外来魚とバラスト水　　　　*65*

  6.1　外来生物問題 ……………………………………………………… *65*
  6.2　海域におけるバラスト水問題 …………………………………… *68*
  6.3　外来種侵入対策の費用対効果 …………………………………… *71*
  6.4　侵入経路を絶て …………………………………………………… *73*
  6.5　外来生物の繁殖を妨げよ ………………………………………… *75*

chapter **7**　リスクを払う　マングース防除計画　　　　*79*

  7.1　不妊雄による外来種根絶 ………………………………………… *79*
  7.2　外来種の防除 ……………………………………………………… *82*
  7.3　外来種の空間分布の推定 ………………………………………… *89*
  7.4　確率論的リスクとリスクの段階分け …………………………… *93*

chapter **8**　リスクを示す　絶滅危惧植物の判定基準　　　　*95*

  8.1　IUCN のレッドリスト掲載基準 ………………………………… *95*
  8.2　環境省植物レッドリスト ………………………………………… *98*
  8.3　絶滅リスク評価の見直し ………………………………………… *104*

chapter **9**　リスクを嫌う　トドの絶滅リスク　　　　*107*

  9.1　生物多様性条約と持続可能な資源利用 ………………………… *107*

9.2	ミナミマグロの絶滅リスク	108
9.3	トドの絶滅リスク	112
9.4	野生生物保護におけるリスク管理の重要性	114

chapter 10　リスクを操る　ダムと生態系管理　119

10.1	知床世界遺産登録と「ダム」問題	119
10.2	ダムのリスク管理とは	121
10.3	洪水の生態系サービスへの貢献	124
10.4	減ってしまった野生生物の絶滅リスク	124
10.5	堰堤建設で重視されるべきこと	130

chapter 11　リスクを凌ぐ　魚の最適漁獲年齢　133

11.1	成長乱獲を防ぐ	133
11.2	加入乱獲を防ぐ	137
11.3	リスクは比較できるか？	141

chapter 12　リスクを比べる　風力発電と鳥衝突リスク　145

12.1	いずれなくなる化石燃料	145
12.2	風力発電の開発目標と発電費用	148
12.3	風力発電の好適な立地	150
12.4	人工建造物による鳥の事故死リスク	151
12.5	風力発電の鳥衝突リスク評価	152
12.6	鳥衝突の順応的リスク管理モデル	156

chapter 13　リスクを御する　エゾシカの保護管理計画　161

13.1	ニホンジカの大発生	161
13.2	北海道エゾシカ保護管理計画	165
13.3	北海道「エゾシカ保護管理計画」の個体数推定法	170

chapter 14　リスクを容れる　ヒグマの保護管理計画　179

- 14.1　クマは絶滅危惧種か？ …………………………………………… 179
- 14.2　人への避け方から2種類のクマを考える ………………………… 181
- 14.3　ウェンカムイを数える ……………………………………………… 184
- 14.4　捕獲数から個体数を推量する ……………………………………… 187
- 14.5　ウェンカムイを管理する …………………………………………… 189

chapter 15　リスクに学ぶ　新たな自然観へ　193

- 15.1　リスクをめぐる諸問題 ……………………………………………… 193
- 15.2　生態リスク管理の基本手続き ……………………………………… 195
- 15.3　国際捕鯨委員会 ……………………………………………………… 198

引用文献 ……………………………………………………………………… 201
演習問題回答案 ……………………………………………………………… 205
索　　引 ……………………………………………………………………… 209

chapter **1**

リスクに備える
予防原則

環境問題は不確実であり，人は他の野生生物と同様，常に死の危険を背負っている．絶対安全は不可能である．リスクの科学は，潜在的な危険性に合理的に対処する方途を究める新しい科学である．ただし，危険性が実証される前に対策をとり，避けるべき事態の重大さを比べる価値判断を含むなど，従来の自然科学にない問題をはらんでいる．それは社会の意思決定の判断材料を提供する．

1.1 不確実性の時代

　日本は世界で最も平均寿命の長い国の1つである．同時に，合計出生率が1.3を下回り，少子化の進んだ国でもある．日本人女性の平均寿命は，20世紀はじめには44歳だったが，2003年には85歳へと急激に延びている（図1.1）．生後1年までの新生児死亡率は1950年まで約15%だったのに対し，1987年には0.6%と，飛躍的に下がった．

　もともと，生物は常に死と背中合わせに生きてきた．それは現代人でも基本的には変わらない．100年前には日本人は生後1歳までの間に15%程度が死亡していた．2006年の厚労省人口動態統計では，生後1歳までの死亡率は男女とも0.25%以下である．生物の生存曲線を描くと，一般に出生直後の初期死亡率が高く，その後，年あたり死亡率はより低くなり，高齢化すると再び高くなる．高齢化による死亡率の増加は老化によるものである．野生生物では死亡率が高いので，老化現象が目立つ前にほとんどの個体が死んでしま

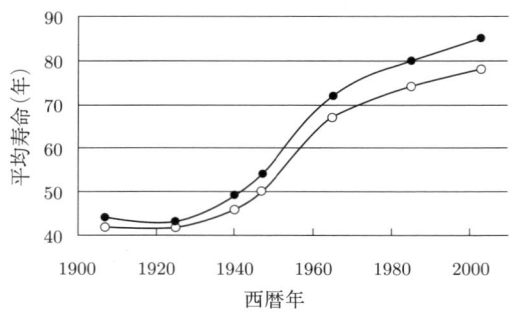

図 1.1 日本人の平均寿命の変化. ○：男性, ●：女性.（厚労省資料より）

い，老化現象は顕著ではない．図 1.2 は日本人の 2006 年簡易生命表に基づく生存曲線である．戦前の生命表ではまだ生後 1 歳までの死亡率が高いことが目立っていたが，図 1.2 では初期死亡率が生存曲線からは目立たない．また，対数軸で見て，死亡率は 10 歳代から年齢とともに増え続けているが，100 歳を超えても，その増え方が目立って急になるということはない．老化現象が不連続に顕著になる年齢を定めにくくなっている．ただし，生後 1 週間の死亡率が年あたり換算で 0.05 程度ある．1 歳までの死亡率 0.25％の 6 割が，生後 1 週間以内の死亡である．

死亡率が劇的に下がったことで，われわれは，いつ死ぬかもしれない人生から，生まれたときに老後まである程度計算できる人生に変わったと考える

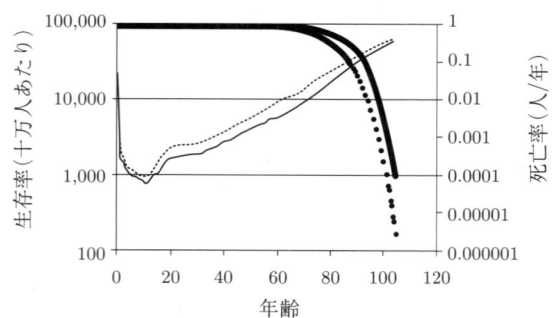

図 1.2 日本人の生存曲線（右下がりの太線）と年あたり死亡率（右上がりの細線）．実線は女性，点線が男性．（厚労省 2006 年の簡易生命表より）

こともできる．少しでも安全ではない事態に直面すると，リスクに不安になり，絶対安全を求めることがある．

図 1.2 に示す齢別死亡率では 10 歳前後の死亡率が最も低く，30 歳代半ばから徐々に死亡率が上がっている．極めて低い死亡率ではあるが，何らかの原因で，われわれは成人後に 10 歳代より高い死亡リスクを背負っているといえるだろう．

けれども，世界は依然として不確実である．しかも，技術革新は急激に進み，1 世代経なければ検証できないようなさまざまな新たな危険性や毒性に日常的に曝されるようになった．これらは，古くから存在していた危険性とは質的に異なるものといえるかもしれない．

新たに直面している危険性は，人命にかかわる健康リスクだけではない．生物環境を劣化させる生態リスクも，1992 年に採択された生物多様性条約などにより，対策をたてる必要性が広く認められるようになった．近年では，たとえば外来生物法（特定外来生物による生態系等に係る被害の防止に関する法律）による外来種対策やカルタヘナ法（遺伝子組換え生物等の使用等の規制による生物の多様性の確保に関する法律）による遺伝子組換え作物の安全性評価が議論を呼んでいる．

これらの法律には，実証されていない危険性（リスク）の大きさを評価し，それを許容できる水準以下に維持するリスク管理の思想が取り込まれている．では，リスクとは何か？ 本書では，リスクの考え方について，生態学や自然保護を中心とした具体的な事例を用いて紹介する．

1.2　2つの誤り

リスクの科学はまだ新しく，20 世紀後半に生まれた．日本リスク研究学会は 1988 年に創設されている．それまで，少なくとも自然科学は，実証されるまでは社会に対してものを言わないのが科学者としての良識だった．重要な仮説ほど，学界で認められるのに時間がかかり，批判の集中砲火を浴びる．証拠不十分なうちは採用されない．

統計学では，2 種類の誤りを区別する．何か新たな仮説を支持する現象が

見つかったとき，それがその仮説抜きでも，偶然生じえる結果でないか確かめる．リスクの文脈でいえば，対策不要のことに対応するのが第1種の誤り，必要な対策をとらないことが第2種の誤りである．科学は，第1種の誤りを避けることが原則である．偶然起きる確率が5%あるかどうかが評価の分かれ目であり，それ以上ならば，証拠不十分として，新仮説は認められない．

けれども，環境問題や人命にかかわる安全性については，確証が得られるまで待っていては手遅れになる．そこで，「深刻または不可逆的な地球規模の環境問題について」は証拠不十分であることを費用対効果の高い対策を遅らせる理由にしてはならないと，1992年のリオ宣言第15原則に記されている．これを予防原則という．すなわち，第2種の誤りを避けることを優先する考え方である．ただし，第1種の誤りが5%という従来の学界標準に対し，どの程度の第2種の誤りを避けるべきなのか，明確な規定はない．単に確率だけでなく，影響の大きさ，対策の有効性なども含めた適用基準が必要だろう．リオ宣言では，「深刻または不可逆的影響」への「費用対効果の高い対策」と但し書きをつけているが，単に「不確実性に備えて予防措置をとる」などと書かれたものもある．絶滅危惧種の国際取引を禁止または制限するワシントン条約（CITES）の附属書掲載基準でも，以前はそう書かれていたが，2004年の改訂でリオ宣言と同様の表現に改められた．

1.3 リスクコミュニケーション

リスク自身が証明されていない危険性であり，予防原則に基づくものといえる．しかし，リスク管理はある程度のリスクの存在を許容するものであるのに対し，予防原則を広く適用してリスクがどんなに低くても対策をとるべきであると主張されることがある．これはしばしば「ゼロリスク論」または「ゼロリスク志向」と呼ばれる．鬼頭（2004）が指摘するように，ゼロリスクは原理的に不可能であり，むしろリスクと背中合わせに生きざるをえないことを認識し，いかにリスクに対処するかという考え方そのものが本来の自然観，死生観といえるだろう．現代の技術は，総合的に考えれば，平均寿命を縮めるのでなく，大きく延ばす効果があった（中西 2004）．現在では10万分

の 1 の死亡率の上昇を避けるという「健康リスクの標準」があるが，交通事故は日本人全体に 1 万分の 1 近くの年間死亡率があるのに，自動車は禁止されていない．単に死亡リスクを避けるというだけなら，現在行われているリスク対策は，必ずしも死亡リスクの高いもの，費用対効果の高い対策を優先しているわけではない．

ただし，すべてのリスクを費用対効果の高いものから優先順位をつけて対策をたてるべきだとは限らない．リスクの科学は，杓子定規な政策提言を行うものではない．意思決定は社会的合意形成に委ねられる．このような合意形成過程において，合意された目標が現実に達成できるかどうか，その目標がより上位の目的と整合性があるかどうか，その目標を達成するにはどのような行為が必要か，などの諸問題を科学的に検証し，関係者に判断材料を提供し，合意形成を支援することが，リスクの科学の役割である（矢原・川窪 2005 を参照）．

あるリスクをゼロにするのではなく，さまざまなリスクの兼ね合い，リスクと便益などとの兼ね合いを図る際に，環境や健康などのリスクに関する情報を，行政，事業者，市民，環境団体などの利害関係者の間で共有し，双方向の意思疎通を図ることを「リスクコミュニケーション」という．2000 年 9 月にベルリンで開かれた経済協力開発機構（OECD）主催の「リスクコミュニケーション」検討会議では，リスクの大きさ，リスクの定義，リスクの持つ意味を共有し，リスクの管理や制御のための決定事項，行動計画や方針について意思疎通を図ることが重視されたという．

ゼロリスクを志向する観点からも，リスクコミュニケーションという言葉は多用される．その場合は，リスクがあることを正直に市民や利害関係者に説明することという意味で使われる．

リスクコミュニケーションにおいては，単に事業者や行政が意見を一方的に説明し，利害関係者の意見を聞くだけでは不十分である．相互の情報共有，意見交換の過程をさす．合意するという結果とコミュニケーションという過程は別のものであり，後者は前者の必要条件でも十分条件でもない．浦野 (2001) は，リスクコミュニケーションにかかわるさまざまな誤解を列挙している（表 1.1）．

表 1.1 化学物質のリスクコミュニケーションにおける誤解（浦野 2001）

誤解 1：化学物質は危険なものと安全なものに二分される
誤解 2：化学物質のリスクはゼロにできる
誤解 3：大きなマスコミの情報は信頼できる
誤解 4：化学物質のリスクは，科学的にかなり解明されている
誤解 5：学者は客観的にリスクを判断している
誤解 6：一般市民は科学的なリスクを理解できない
誤解 7：情報を出すと無用の不安を招く
誤解 8：たくさんの情報を提供すれば理解が得られる
誤解 9：詳しく説明すれば理解や合意が得られる
誤解 10：情報提供や説明会，意見公募などがリスクコミュニケーションである

1.4 生態系サービスの価値

リスクをゼロにできない以上，生態系を保全すること，生物の絶滅を防ぐことにどれだけの価値があるか，またそれを経済行為によって得られる便益とどう比較するかは，生態リスク学の重要課題である．「金で買えない価値がある」ことは社会常識だが，それは承知の上で，何とか生態系の価値を経済的に評価しようという試みがある．環境経済学的には，絶滅によって被る損害を効用の喪失と考えれば，効用は比較可能である．第 4 章で展開するように，水産資源の持続的な利用などを考える際に，通常はその生物資源を利用することによって得られる利益と，漁獲するのに要する費用の兼ね合いを考える．しかし，利用することによる利益は，その種が生態系に存続する価値そのものを評価したものではない．生態系が人間にもたらす恵みは，漁業など食糧資源の供給だけではない．この恵みを「生態系サービス」（ecosystem services）と呼ぶ．

生態系サービスは大きく 4 種類に分けられる（図 1.3）．(A) 土壌の形成・植物による 1 次生産・養分循環などは「支持サービス」と呼ばれる．土壌は陸上生態系を支えると同時にそれ自身が膨大な微生物生態系をなしている．(B) 食糧や水などは「供給サービス」と呼ばれ，水産物もこれに含まれる．(C) 気候制御や病気の蔓延を防ぐことは「調整サービス」と呼ばれる．気候変動枠組み条約では温暖化による生態系への影響とそれから引き起こされる

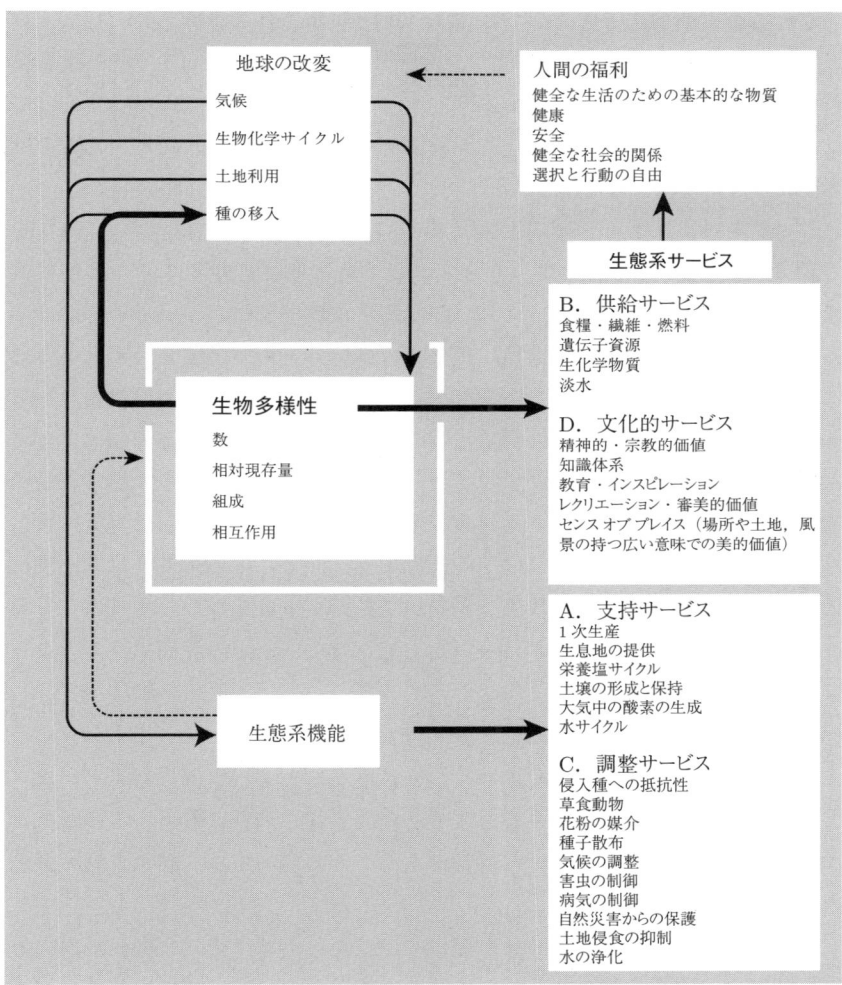

図 1.3 生物多様性と生態系機能，生態系サービス，人間の福利の関係（ミレニアム生態系評価編 2007 より改変）

マラリアなど伝染病の蔓延などの影響が予測されているが，逆に生態系は大気中の酸素を供給し，気候に大きな影響を与えている．(D) 最後に，風景に感じる安らぎ・宗教や文化の精神的な背景を提供することは「文化的サービス」と呼ばれる．

1.4 生態系サービスの価値

これらの生態系サービスを17項目に分け，世界全体の生態系サービスと自然資産の経済価値を試算した報告がある (Costanza et al. 1997)．その試算値の定量的評価については批判もあり，すべての価値を評価できているわけではないが，供給サービスがもたらす経済価値よりも，調整サービスの方がはるかに高く評価されている．

　この結果によれば，世界の国内総生産 (GDP) の合計は2004年の名目GDPで約41兆ドルであり，生態系サービスはその8割に匹敵する．この生態系サービスの経済価値評価は，すべてが実際に市場で価格がついているわけではない．環境経済学では，市場に載らない価値も含めて議論し，市場の外部に発生する負の経済価値を「外部負経済」（外部不経済）と呼ぶ．供給サービスについては，農林水産業の経済活動からほとんどが市場内部の価値として評価できる．調整サービスについては，たとえば森林がもたらす洪水調節機能をダムで担うとすれば，ダム建設費用で評価できる．これらは実際に取引された価格ではない．実際にはその代価を支払わずに生態系サービスを失っているだろう．もし，その代価を実際に支払わざるをえないとすれば，干潟や森林を潰す人間活動は行われないかもしれない．上記の評価は，このような試算を取り入れている．文化的サービスについては，仮想評価法（CVM：contingent valuation method）などの方法も取り入れている．これは，たとえば屋久島の自然を守るためにいくら支払うかなどを利害関係者にアンケート調査し，その総額で評価する方法である．これも実際に取引するわけではないので，客観的でないという批判がある．その意味では，価値が過大評価される恐れがある．

　また同報告では先ほど紹介した報告では，たとえば，サンゴ礁，干潟，藻場をはじめとする沿岸生態系は，単位面積あたりの経済価値では熱帯林に劣らぬと評価されている．干潟には内湾の海水を浄化する機能がある．これを汚水処理施設で代替すれば，その程度の費用がかかると試算されている．

　漁業だけが海洋生態系から価値をもたらすわけではない．しかし，逆はある程度成り立つだろう．すなわち持続可能な漁業が成り立っているということは，その海域の生態系機能が健全であることを示唆している．また，当然のことながら，現在評価できる価値のみを扱っており，かつ，すべての生態

系において評価できているわけではない．

　生態系サービスの価値には，市場内部に発生する直接利用価値，供給サービスなど市場外部にあるとみなされる間接利用価値，遺伝子資源など将来利用する可能性があるとみなすオプション価値のほかに，存在しているという事実そのものに価値があるとみなす存在価値（existence value）がある．さらに，経済価値として評価できない内在的価値（intrinsic value）という概念もある．生物多様性条約前文では，「生物の多様性が有する内在的な価値並びに生物の多様性及びその構成要素が有する生態学上，遺伝上，社会上，経済上，科学上，教育上，文化上，レクリエーション上及び芸術上の価値を意識」すると，内在的価値にも言及している．

　2002年に改定された日本の生物多様性国家戦略には，生物多様性の喪失を招く「3つの危機」として，「人間活動に伴う負のインパクトによる生物や生態系への影響」，「人間活動の縮小や生活スタイルの変化に伴う影響」，「移入種等の人間活動によって新たに問題となっているインパクト」があげられている．2007年再改訂中の第3次国家戦略案でも，この認識は受け継がれている．日本の里山は弥生時代から続く2次的自然と考えられ，1960年頃まで薪炭林を利用し続けてきた．古来，主たるエネルギー源は，木から木炭へ（新石器時代），木炭から石炭へ（産業革命），石炭から石油へ（日本では1960年前後）変わってきた．これらを「エネルギー革命」と呼ぶ．そのうち，石炭から石油にかわる際に，家庭用の燃料が薪炭から石油に代わり，日本の2次林の利用形態が大幅に変わった．これを「燃料革命」と呼ぶことがある．

　水田（特に中山間地域の棚田）には湿地性の動植物が生息し，未利用の湿地の多くが開発されたために，水田が絶滅危惧種の宝庫として保全上の価値を持つことになった．2004年に制定された特定外来生物法では，海外から導入された外来種に限っているが，本来は外来種の脅威には国内移入種も含まれる．そして，淡水生物では河川ごとに生息地が分かれており，種苗放流事業によって他の河川からの移入が大きな問題となっている．したがって，水産分野においては，国内移入種問題も重要な検討課題である．

1.5 リスクトレードオフと環境正義

　環境リスクのうち，人の健康に及ぼす懸念があるリスクを「健康リスク（human health risk）」，野生生物や生態系に及ぼす懸念のあるリスクを「生態リスク（ecological risk）」という．経済的な損失を被るリスクは経済リスクあるいはビジネスリスクなどという．リスクには，このように及ぼす対象を明示する場合と，リスクをもたらす要因（リスク因子）を明示する場合がある．前者の例としては，発癌リスク，ある生物種の絶滅リスクなどがあり，後者の例としては，水銀リスクなどがある．

　環境問題は公害問題から始まった（中西 2004）．水俣病などの公害問題では，ある地域の人々に重篤な障害が発生した．障害の存在を認識し，原因を解明し，発生源を特定し，その原因を絶つことが解決への道だった．1人1人の影響は極めて深刻だったが，被害を受ける人数はどちらかといえば限られていた．それに対して環境問題は，1人1人の被害はそれほど深刻ではない場合が多いが，影響の及ぶ範囲が桁違いに多くなる場合が含まれるようになった．この場合，より軽微な障害の存在を認識しなくてはならない．また，影響を単に「広く薄く」するわけではなく，また「狭く濃く」するわけでもなく，総合的に考えて，よりよい政策を選ばなくてはいけない．そのために，リスクの概念が重要になってくる（図 1.4）．

　従来は，健康リスクが主な対策の対象であった．生物への影響は，それが食品などとして人間の健康に影響を及ぼすものとして，対策の対象となった．最近では，絶滅危惧種への影響などが深刻であれば，生態系を守ること自体を目的として，対策がたてられるようになった．たとえば，1960年代のDDT（ジクロロジフェニルトリクロロエチレン）は殺虫剤として多用されたが，食物連鎖を通じて鳥類に蓄積し，卵の殻が薄くなるなどの影響で猛禽類などの鳥類が激減したという．また，DDTには発癌性もあるため，健康リスクの観点からも，規制が必要だった．

　1つのリスクを減らそうとして，他のリスクを増やすことがある．たとえば，発癌性のあるDDTはマラリア対策にも使われる．少なくとも途上国では，マラリアによる死亡率低減へのDDTの効果は，DDTによる発癌リスク

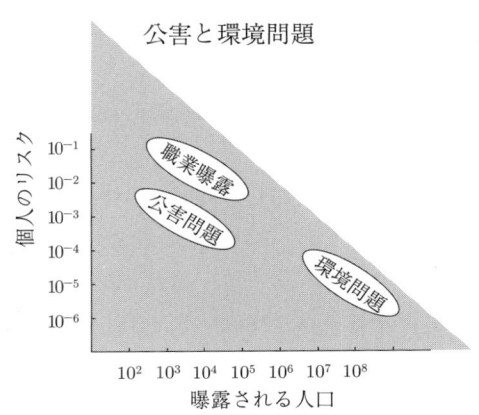

図 1.4 公害問題，職業曝露，環境問題における個人のリスクの大きさと曝露される人口との関係（中西 2004 より改変）

をはるかに上回っており，DDT 以外の予防・治療法を用いることは，途上国では経済的にも困難である．このように，あるリスクを減らそうとして別のリスクが増加するときの 2 種類のリスク対処の兼ね合いを「リスクトレードオフ」という．先進国ではすでに DDT は規制されているが，途上国では使用され続けている．これは，各国のマラリアの感染リスクとの兼ね合いともいえるだろう．今後，地球温暖化が進めば，マラリアの感染リスクは低緯度地方だけでなく拡大するとみられており，DDT をめぐるリスクトレードオフが再び大きな問題になるかもしれない．

　先に述べたように，DDT は鳥類などへの生態リスクも深刻である（中丸ほか 2001）．したがって，たとえ健康リスクとしては DDT の利用は総合的にみて死亡率を減らす効果があるとしても，生態系に与える影響を考慮すれば，やはり規制すべきという意見も成り立つかもしれない．この場合は，生態リスクと健康リスクのトレードオフを考えねばならない．

　環境リスク管理の難しいところは，リスクによって受益者あるいは被害者が異なることである．単純にいえば，DDT の規制は高価な医薬品を入手でき，衛生的な環境に住んでマラリアの脅威のほとんどない人々の 1 万分の 1 以下の発癌リスクを低減できるかもしれない．他方で，DDT は現実にそれ

よりずっと感染リスクの高いマラリアに悩む途上国の人々にとっては貴重な殺虫剤である．語弊を恐れずにいえば，先進国の人々のわずかな健康リスクの低減と，途上国の人々の深刻な健康リスクの低減が天秤にかけられ，前者が優先することがあるかもしれない．

環境問題は，注意しなければ差別や排外主義につながる．南北格差を固定化して途上国の開発を抑えた方が，地球環境の保全には役立つかもしれない．ある地方の農作物の健康リスクが基準値を超えることがわかったとき，彼らの生活や産業を潰すことが他の人の健康リスクや生態系を守ることに役立つかもしれない．このような排外主義や差別を起こさないよう，環境保全と社会的正義を同時に満たす必要性があることを「環境正義」という[*1]．

今までは，生態リスクの対策のほとんどは健康リスクへの対策として達成されていた．DDT は生態リスクも深刻だったが，発癌性が認められているため，健康リスク対策が自動的に生態リスクの対策にもつながった．DDT が 1970 年代に規制されてから，実際に米国では猛禽類などの個体数は回復に向かったという (Bildstein 1998)．

明らかに生態リスク対策として規制されたのはトリブチルスズ（TBT）である．TBT はフジツボなどの固着生物が船底に着くのを防ぐために船底塗料や漁網などに使われていた．ところが，1970 年頃から内湾の養殖カキや野生の巻貝類に異常が認められるようになった．巻貝の雌に擬似ペニスができて雄化する「インポセックス」現象が知られるようになり，日本の多くの沿岸で，巻貝類のすべての種に異常が認められ，ほとんどの雌が不妊化するという報告があった[*2]（堀口 1998）．その後，欧米で TBT の船底塗料などへの使用が制限され，ついで日本も制限され，2001 年に「船舶についての有害な防汚方法の管理に関する国際条約」が採択された．こうした TBT 規制により，沿岸環境の巻貝類は回復に向かっているという．

DDT がマラリア対策に有効であるのと異なり，TBT は健康リスク回避には特に効果が知られていない．したがってリスクトレードオフが問題になる

[*1] http://www.eic.or.jp/ecoterm/　環境用語集「環境正義」参照．
[*2] http://www.nies.go.jp/kanko/kankyogi/17/10-11.html

ことはなかったが，その費用をめぐっては議論が起きた（Rouhi 1998）．船底塗料を規制すれば，フジツボなどの付着により世界中の船舶の燃費が下がり，その費用は年間8千億円にも達するという．巻貝類全種に致命的な影響が及ぶことから，先の生態系サービスの自然価値を考えればTBT規制の費用対効果が低いとはいえないだろうが，リスク対策に費用がかかりすぎる場合には，対策が後回しになることもあるだろう．これを費用効果分析（cost-effective analysis）や費用便益分析（cost-benefit analysis）に対してリスク便益分析（risk-benefit analysis）という．

　もう1つ例をあげよう．ノニルフェノールとエチレンオキシドを反応させて合成されるノニルフェノールエトキシレートは非イオン系界面活性剤であり，その用途は工業用の洗浄剤，分散剤としてゴム・プラスチック・繊維工業，機械・金属工業，農薬工業などで使われ，環境水中で微生物分解され，ノニルフェノールが生成される．ノニル基は分枝型であり，多数の異性体が存在する．微生物分解性は低く，またメダカなどの魚類の雄が雌化する内分泌撹乱作用の疑いが持たれている．そのため，業界の自主的取り組みとして，ノニルフェノールエトキシレート（NPE）からアルコールエトキシレート（AE）への転換が進められた．その後，AEも生態リスクが無視できないことがわかってきた．

　NPEとAEの生態リスクは，魚類などへの内分泌撹乱作用という異なる物質が及ぼす同じ種類のリスクである．この場合のリスクトレードオフは評価しやすい．それに対して，第12章で扱う風力発電の温暖化抑制効果と鳥衝突リスク増加効果の問題は，次元の異なる生態リスクを比べることになる．たとえば，火力発電と風力発電では，前者は温暖化を促進するが鳥は衝突しない，後者は温暖化を抑制するが鳥が衝突すると考えられる．このような問題に答えるには，先ほど述べたように，温暖化と鳥個体群維持の2つのリスクに関する制約を記述すれば，最適解を見つけることができるだろう．リスクトレードオフについては，第11章でもう一度取り上げる．

　最近の化学物質規制では，健康リスク対策に加えて，生態リスク対策のためにいっそう厳しい規制を課す例も出始めている．ノニルフェノールでも生態リスクにより厳しい規制が検討された．現在では亜鉛が生態リスク対策と

して厳しい排出規制が実施され始めている．これについては，第 5 章で取り上げる．

演習問題

[1]　リスクが測れない現象は？
[2]　予防（precaution）と未然防止（prevention）との違いは？

chapter **2**

リスクを飲む
飲料水の健康リスク

水道水には，河川にいる原虫などに感染するリスクと，塩素殺菌処理の副生成物であるトリハロメタンなどにより癌になるリスクがある．塩素殺菌を手厚くすれば，前者を減らし，後者を増やす．リスクの総和はゼロではない．その意味で，われわれはリスクを飲んでいるといえる．どうすればリスクを最小にできるか．それをどのように評価するか．実際の塩素殺菌の度合はどのように決まるかを議論する．

2.1 閾値のあるモデルと閾値のないモデル

第1章では環境リスクの考え方について説明した．本章では，中西ら (2003) の『演習 環境リスクを計算する』の第3章に記されている水道水の塩素殺菌のリスクを例に，環境リスク評価の実例を紹介する．同書は，読者自身が計算する演習問題を通じて，リスク評価の考え方を理解できるように記されているので，ぜひ試みて欲しい．

環境リスクの考え方については，化学物質による人への健康リスク，生態リスクが生態毒性学 (ecotoxicology) 分野の考え方に基づいているのに対し，開発の生態リスクは保全生態学 (conservation ecology) 分野の考え方に基づいている．両者の考え方には，若干の違いがみられる．本書はその統合を目指している（浦野・松田編 2007）．本章ではまず，水道水を例に，生態毒性学の考え方に基づく人の健康リスクの評価方法を紹介する．

多くの地域で，水道水はまずい．もともとの河川の原水がまずいのに加え

て，塩素消毒しているため，いわゆるカルキ臭がする．けれども，水道水をまがりなりにもそのまま飲めるというのは，驚くべきことかもしれない．風呂にもトイレにも，水道水を使っているのは，あまり効率のよいことではないだろう．環境基準による規制という意味では，水道水の環境基準はミネラル水の品質基準より多岐にわたり，かつ厳しいものが多い[*1]．

塩素消毒は，ウイルス，病原性細菌，原虫などによる感染症を防ぐために必要である．けれども，塩素殺菌により，トリハロメタンなどの多くの発癌物質が生成され，水道水に含まれることになる．すなわち，感染症のリスクを減らす塩素殺菌が発癌リスクを増やしている．その兼ね合いが重要である．このように，複数のリスクの兼ね合いをリスクトレードオフという．これについては本章の後で議論する．

トリハロメタンの発癌性は，摂取量（曝露量）によると考えられている．その際，「閾値あり」と「閾値なし」の2つの考え方がある．「閾値あり」とは，ある基準値以下ならば，リスクはゼロとみなしうるものである．「閾値なし」とは，どんなに低い値でも，それなりのリスクがあるもののことである．これらは，たとえば図 2.1 のような模式図で表される．なお，以下の図表は本書のウェブサイト[*2]からたどれる Microsoft Excel ファイルにより追試することができる．

図 2.1 の閾値ありのモデルは，以下の関数形を用いている．

$$\log_{10} \hat{y} = -a - \frac{b}{\log_{10} x - c} \quad (x \geqq 10^c \text{ のとき})$$
$$\text{または } y = 0 \quad (x < 10^c \text{ のとき}) \tag{2.1}$$

ただし x は物質濃度，y は発癌率の観測値，$\hat{y}$ は上記のモデルから予測される発癌率の理論値，a, b, c は定数である．濃度と発癌率の常用対数 ($\log_{10} x$, $\log_{10} y$) の観測値として $(-1, -0.803)$, $(-1.2, -0.898)$, $(-1.4, -1.027)$, $(-1.6, -1.165)$, $(-1.8, -1.520)$ の5つのデータがあるとき，残差平方和

[*1] 安井 至「世界一の誤解」 http://www.yasuienv.net/MisunderstandNo1-1.htm
[*2] http://risk.kan.ynu.ac.jp/matsuda/2008/riskscience.html

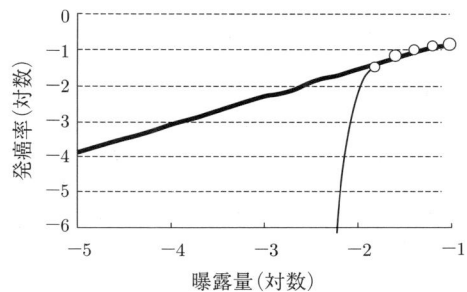

図 2.1 架空の化学物質における閾値ありのモデル（細い曲線）と閾値なしのモデル（太い直線）における曝露量と発癌率の関係（両対数グラフ）の模式図．○印は高曝露実験．

$$S = \sum_{i=1}^{5} (\log_{10} \hat{y} - \log_{10} y)^2 \tag{2.2}$$

を最小にする回帰式の係数を求めると，$a = 0.401, b = 0.527, c = -2.272$ となる．このときの残差平方和 S は 0.001 である．

閾値なしのモデルでは

$$\log_{10} \hat{y} = f \, \log_{10} x + g \tag{2.3}$$

と表され，やはり残差平方和を最小にする回帰式は $f = 0.107, g = 0.850$ であり，そのときの残差平方和 S は 0.024 である．

残差平方和が小さいほど観測値と予測値の当てはまりがよい．しかし，係数の数が上記の閾値ありのモデルでは 3 つあり，閾値なしのモデルより多い．より複雑で係数が多いモデルの方が当てはまりがよくなるのは当然である．どこまで複雑なモデルを採用すべきかを判断する手法の 1 つに赤池の情報量基準（AIC: Akaike's information criterion）がある．これは，対数尤度 $\log L$ とモデルのパラメータの数 k を用いて

$$\text{AIC} = -2 \log L + 2(k+1) \tag{2.4}$$

と定義される．$\log_{10} x$ と $\log_{10} y$ に対して，上記のモデルの誤差が正規分布すると仮定すると，第 13 章で説明する尤度 L について，正規分布では対数

尤度が

$$\log L = \sum_{i=1}^{5} \log \left[\frac{1}{\sqrt{2\pi\sigma^2}} \exp \left\{ -\frac{(\log_{10} y - \log_{10} \hat{y})^2}{2\sigma^2} \right\} \right] \quad (2.5)$$

となる．ただし σ^2 は標本分散 S/n である．変形して

$$\log L = \sum_{i=1}^{5} \left[-\frac{\log 2\pi\sigma^2}{2} - \frac{(\log_{10} y - \log_{10} \hat{y})^2}{2\sigma^2} \right] = -\frac{n}{2} \log 2\pi\sigma^2 - \frac{S}{2\sigma^2} \quad (2.6)$$

ただし S は残差平方和である．

σ^2 に S/n を代入して整理すると，

$$\text{AIC} = n \log(S/n) + 2(k+1) + 定数 \quad (2.7)$$

となる．

　上記の場合，閾値ありのモデル（$k=3$）では上記の定数部分を除く AIC が 54.2，閾値なしのモデル（$k=2$）では AIC が 38.7 であり，閾値なしのモデルの方が AIC が低いモデルとして選ばれる．しかし，低濃度曝露でのリスク予測は両者で大きく異なり，リスク評価においては，単にモデルの当てはまりの善し悪しだけで決めることにはならない．

　この場合，リスクは発癌率で表され，癌以外の死亡リスクと比べる場合，その他の多くの病気と異なり，通常は癌の発症者の死亡率を 1 と仮定する（中西ら 2003）．典型的な閾値なしのモデルは，リスクの対数と曝露量の対数が直線関係にある場合である．

　図 2.1 の閾値なしのモデル（太い直線）の場合は，曝露量が 10^{-5} μg/日でも，発癌率は 10^{-4}（1 万分の 1）あまりである．いくら曝露量を下げてもリスクはゼロにできないから，たとえば 10^{-4} 程度の発癌率まで容認するとみなす．そのときの濃度は 6.3×10^{-5} μg/日である．しかし，リスク評価の不確実性を考慮した予防措置として，さらにその 1/10 の濃度（図 2.1 の例では 6.3×10^{-6} μg/日）を選ぶことがある．

　一方，閾値ありのモデル（細い曲線）の場合は，曝露量を閾値以下に下げれば，リスクはゼロになる．図 2.1 の例では曝露量が 10^{-3} μg/日のときにゼ

ロになる．すでに 2.5×10^{-3} μg/日の曝露量でも発癌率は 10^{-4} に抑えられているが，閾値ありのモデルの場合，しばしば，リスクをゼロにできる基準値がとられる．閾値 10^{-3} μg/日そのものでよいが，不確実性を考慮し，その 1/10 の曝露量（図 2.1 の例では 10^{-4} μg/日）を基準値にとることが多い．

　このように，閾値ありのモデルでゼロリスクを求めるより，閾値なしのモデルで一定水準のリスクを認める方が，実は厳しい基準になることがある．

　異なるモデルのリスクを比べるのは，あまり意味がない．実際に死亡率や感染率が 10^{-4} になる曝露量を直接確かめることは難しい．正確に感染率を把握するには，動物の感受性と人の感受性の差を調べる必要がある．人と動物の感染率に差がないとすれば，1 万人に 1 人が感染するリスクを調べるには，1 万匹以上の動物実験が必要である．実際にはずっと少ない標本数でリスクを評価するため，図 2.1 の○印のように，高曝露実験のいくつかの情報から，閾値なしモデルの直線や閾値ありモデルの曲線を推測する必要がある．

　このように，観測した（横軸の）一部の範囲の関係式から，その範囲外の関係を予想することを外挿（extrapolation）という．因果関係を証明しない時点での外挿は，自然科学の世界では避けるべきこととされている．万有引力の法則を知っていれば，現在の太陽と地球と月の位置と速度から，次の皆既日食がどこで起こるかを予想することができる．このような外挿はよい．けれども，感染や発症の仕組みがわからない段階では，低い曝露量での感染率を外挿によって推定することは，多くの不確実性を伴う．リスク評価は，毒性が実証される前に対策を立てる必要がある．実際に起こる前に予想するものだから，この外挿が多用されるのは，やむをえない．

　室内実験などで実際に影響が出た最も低い濃度を LOEC（lowest observed effect concentration または LOEL: lowest observed effect level），影響が出なかった濃度を NOEC（no observed effect concentration）という．この場合の「影響」は必ずしも悪影響とは限らず，繁殖，生存，成長，行動などの何らかの変化でよい．しかし，NOEC や LOEC は標本数に依存する．低い頻度の影響は，標本数が少なければ検出されないが，たくさん調べればわかるかもしれない．それに対して，50%の標本が死ぬ濃度を LC50（median lethal concentration）という．これらの濃度は，標本数が少なければ不正確

になるが，真の値より高く推定されるか低く推定されるかは予見できない．このような推定量を不偏推定量という．それに対して，NOEC や LOEC は標本数によって偏りのある推定量である．

また，短期間の曝露で影響が出る毒性を急性毒性，一生または長期間曝露し続けて影響が出る毒性を慢性毒性という．急性毒性の実験は短期間でできるが，慢性毒性の調査はより困難である．

ここまでは架空のデータで説明したが，水道水のリスクに当てはめてみよう．

2.2 水道水による原虫の感染リスク

水道水を殺菌しないと，河川の原水に含まれるウイルス，病原性細菌，原虫などによる感染症にかかるリスクが残る．中西ら (2003) によると，ウイルスや細菌のリスクは無視できるが，原虫は 1 株/L（リットル）ほど含まれるという．ただし，上水道採取の際に沈殿させれば，それだけで 99.9% 取り除かれ，0.001 株/L に減るという．

原水の原虫密度を q 株/L とする．殺菌効果は塩素濃度 (mg/L) と殺菌時間 (分) の積である CT により，およそ 60 分 mg/L ごとに原虫密度は 1/10 に減るという．実際にはもう少し複雑な関係にあるが，ここでは CT（分 mg/L）の塩素殺菌により，$q \times 10^{-(CT/60)}$ 株/L に減ると仮定する．人は 1 日平均 2 L の水道水を飲むと想定され，1 日の原虫の摂取量は $2q \times 10^{-(CT/60)}$ 株である．通常，CT は 60 分 mg/L 程度であり，$q = 1$ のとき 0.0002 株/日，70 年の生涯に 5 株ほど原虫を水道水から飲んでしまう計算になる．水道水を沸かして飲めば，このリスクを大幅に減らすことができるだろう．

さらに，原虫を飲んでも感染するとは限らない．Q 株口に入れたときの感染率は，$1 - e^{-0.0199Q}$ と見積もられている（中西ら 2003）．原水を毎日そのまま 2 L ずつ飲めば，1 年間でおよそ 730 株口に入れるのでほぼ 100% 感染するが，沈殿処理すれば 0.73 株の摂取で感染率が年間 1.4% に激減し，さらに 60 分の塩素殺菌で 0.14% に減る．とはいえ，100 万人都市の行政にとっては，毎年 1,400 人程度が感染してしまうことになり，必ずしも無視できる感染率とはいえない．

また，原虫に感染しても必ず死ぬとは限らない．以下では感染者の1%が命を落とすと仮定しているが，これは高齢者の場合であり，若い人も含めて平均すれば0.01%の死亡率にすぎないともいわれている．

2.3 塩素殺菌によるトリハロメタンの発癌リスク

塩素濃度時間を増やせば，原虫をより確実に殺菌することができる．けれども，水道水に発癌性のあるとされるトリハロメタンが混ざる．その結果，癌にかかる人が増える恐れがある．

表2.1に主な塩素化合物の水道水中の環境基準，実際の濃度およびユニットリスク（その物質が水道水中に$1\,\mu$g/L含まれているとき，毎日2Lずつ飲んだときの生涯の発癌率）を示す．これはCTが60分mg/Lのときの濃度である．実際の濃度とユニットリスクの積が，生涯のその物質による発癌率，その1/70が1年あたりの発癌率になる．基準値とユニットリスクの積は一定ではないから，基準値は，それぞれの物質の発癌リスクを一定水準以下に抑えるようには定められていないことがわかる．ちなみに，クロロホルムは

表2.1 水道水中の主な塩素化合物の水道水中の環境基準（μg/L），実際の濃度（μg/L）の中央値と最大値，ユニットリスク

物質名	基準値	中央値	最大値	ユニットリスク
クロロホルム*	60	14.8	53.0	3.4×10^{-7}
ブロモジクロロメタン*	30	12.8	20.2	3.6×10^{-6}
クロロジブロモメタン*	100	7.7	15.5	6.0×10^{-6}
ブロモホルム*	90	1.0	2.3	?
ホルムアルデヒド**	80	1.9	3.8	?
ジクロロ酢酸*	40	3.7	9.4	6.4×10^{-6}
トリクロロ酢酸	300	6.1	30.7	1.5×10^{-6}
ジクロロアセトニトリル	80	2.0	13.0	?
抱水クロラール	30	4.2	10.3	?

物質名について**と*は，米国環境保護局による発癌性の確からしさ（それぞれB1とB2；中西ら2003）で，人に対する発癌性がおそらくあるもの．**の方が*より確からしさが高いとされる．その他は不明か，より確からしさが低いもの．本文参照（中西ら2003より再構成）．

閾値あり，ブロモジクロロメタンは閾値なしのモデルでリスクが評価されている．

総じて，表 2.1 に示された塩素化合物濃度では，ユニットリスクが計算されたものだけで，濃度とユニットリスクの積の総和が生涯発癌リスクであり，その 1/70 は 1.86×10^{-6} となる．これが塩素殺菌の発癌リスクである．ただし，評価していない化合物もある．

2.4 原虫リスクと発癌リスクを比較する

さて，塩素濃度時間 CT と塩素化合物による年間発癌リスク y の関係をまだ示していないが，中西ら（2003）の図 3.2 によれば，

$$y = 1.7 \times 10^{-7} \times \sqrt{(CT)} \tag{2.8}$$

という関係があるという．実際には CT と各物質の濃度の関係を調べ，さらに各物質の濃度と発癌率の関係を調べ，それらの総和をとる必要がある．先述したように，閾値のある物質とない物質があるが，大雑把にみて，塩素化合物全体として，上記のように CT の平方根に比例する関係があると仮定する．このほかに，水道水中にはベンゼンが含まれていて，その発癌リスクは 10^{-5}/年という．これは塩素殺菌にはよらない．

これらと原虫による死亡リスクを合わせると，水道水による 3 つの影響因子によるリスクの総和を計算できる．塩素濃度時間 CT により，図 2.2 のようになる．原虫による死亡リスクは塩素殺菌により顕著に減るが，過度の殺菌は発癌リスクを高めることがわかる．なお，ここでは癌の死亡率を 100% と仮定している．計算上は CT が 180 分 mg/L にすれば全リスクが最小になる．表 2.1 に示した 60 分 mg/L より殺菌処理を高めた方がよい計算になるが，原虫感染の死亡率を 0.0001 に改めれば，30 分 mg/L の塩素処理でリスクが最小になる．ただし，計算根拠が不確実性なため，前提を少し変えるだけで最適時間は大きく変わる．

原虫のリスクは，河川中の原虫濃度と感染者の死亡率による．河川中の原虫濃度が高ければ，あるいは医療環境の違いにより原虫感染の死亡率が高け

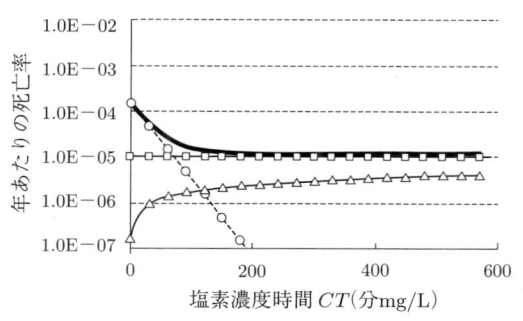

図 2.2 水道水による死亡リスク．○は原虫，□はベンゼン，△は塩素化合物によるもので，太線はそれらの総和．縦軸が対数軸であることに注意．

れば，やはり殺菌処理は必要だろう．なお，塩素でなく，フッ素で殺菌する国もある．これは虫歯の予防に有効であるともいわれている．

いずれにしても，塩素殺菌による発癌リスクは年間 10 万分の 1 より低いものであり，それほど高いリスクではない．行政側としては，原虫による感染は死因がある程度特定できるものであり，100 万人都市で毎年 10 人程度感染し続ければ，放置しづらいだろう．それに比べて，発癌リスクは，水道水以外にもさまざまな発生源があり，塩素殺菌だけが批判されるとは限らない．けれども，これまでの説明からわかるように，原虫の感染リスクは過大評価され，塩素殺菌の発癌リスクは過小評価されている可能性がある．

なお，家庭の取り組みでリスクを減らすこともできる．単に水道水を沸かすだけでなく，数分間煮沸してトリハロメタンを除くことを勧める「環境本」もある．水の表面積を増やせば，トリハロメタンは気化しやすくなる．けれども，それを肺に吸い込んでしまっては逆効果である．水道水を煮沸するなら，窓を開けて蒸気を吸わないようにしないと意味がない．シャワーを浴びるのも同様である．用途別に殺菌の水準を変えることができればよいが，水道管をたくさん設置するのも大変である．規模の大きなビルなどでは，下水を簡易処理して再利用するなどの工夫も考えられる．

本章で議論したように，複数のリスクの兼ね合いをリスクトレードオフという．上記の例ではともに人の健康に及ぼすリスクであり，同じ次元で定量的に比較することができた．

演習問題

[3] データが少ないとき，不確実性係数はどのように設定されるのか？
[4] 原虫による死亡リスクが塩素による発癌リスクより過大評価されているのはなぜか？
[5] 上水の配水温度を上げることで細菌感染のリスクはどの程度上がるのか？

chapter **3**

リスクを食らう
魚の水銀含有量

魚は健康食品であると同時に，水銀が蓄積している．一般の人が通常食べる量ではほとんど問題がないが，胎児への影響は無視できないとされている．水銀濃度の高い魚介類のそれぞれの摂食頻度を守るだけでは足りない．しかし，水銀の総摂取量がわかればリスクは評価できる．これには1日ごとの摂取量でなく，長い期間の平均値が重要である．水銀によるリスク評価の方法を説明する．

3.1 魚の水銀含有量

　2005年8月12日に「厚生労働省医薬食品局食品安全部基準審査課」から『妊婦への魚介類の摂食と水銀に関する注意事項の見直しについて（概要）』（以下『注意事項』と表す）が出された．魚介類の水銀濃度に関しては，厚労省の過去の注意事項にさまざまな批判が出されており，今回の見直しにも反映されているとみられる．今回の『注意事項』では，鯨類を含む魚介類は，「健康的な食生活にとって不可欠で優れた栄養特性を有しています．（中略）反面，自然界に存在する水銀を食物連鎖の過程で体内に蓄積するため，特定の地域等にかかわりなく，一部の魚介類については水銀濃度が他の魚介類と比較して高いものも見受けられます．（中略）水銀に関する近年の研究報告では，低濃度の水銀摂取が胎児に影響を与える可能性を懸念する報告がなされていることから，妊婦については魚介類を通じた水銀の摂取に一定の注意が必要と考えられます」として妊娠中の女性などに魚やクジラを食べる頻度に

ついて，注意を呼びかけている．

　魚の安全性は，リスク評価が必要な，かつ，読者に最も関心の高い問題の1つだと思う．本章では，この問題に焦点をあてる．すでにさまざまな活字，報道，ウェブサイトなどで盛んに議論されているが，ここでは，『注意事項』自身の批評ではなく，この情報から，自らの食生活のリスク管理を設計するための方法を紹介しよう．

　中西ら（2003）によれば，メチル水銀の毒性は第2章で紹介した「閾値のあるモデル」で評価され，世界保健機構（WHO）によれば水銀の許容摂取量は約0.03 mg/人/週である．『注意事項』によれば，最近の日本人は平均して魚介類を1日82g食べるらしく，摂取する水銀の約80%は魚介類に由来するという．水銀はもともと海水中に存在し，食物連鎖を通じて蓄積されるために，プランクトンを食べるイワシよりも，マグロやサメ，歯クジラ類などで濃度が高くなる．だとすれば，魚介類中のメチル水銀の平均濃度が0.3 ppm以上のとき，われわれは許容量以上の水銀を魚介類だけから摂取することになる．

　これらの積算根拠を表3.1にまとめた．本書のウェブサイト（p.16脚注）には計算式も含めて載っているので，関心ある読者は計算方法を確認いただきたい．

　そこで，『注意事項』では，総水銀の平均値が0.4 ppm以上またはメチル水銀の平均値が0.3 ppm以上の魚介類を列挙し，これらを食べる頻度について注意を喚起している．また，他の魚介類を全く食べずに高濃度の魚介類を食べる場合（仮定1），平均的な魚介類の摂食量に加えてこれら高濃度の魚介類

表3.1　日本人の平均水銀摂取量と耐容摂取量およびその積算根拠

	中西ら（2003）	『注意事項』（2005）
水俣病発症者の最低の血液中水銀濃度（ppm）	0.2	
安全係数	10倍	
血液中水銀濃度の許容限界（ppm）	0.02	
日本メチル水銀摂取量許容値（μg/人日）	25	15.7
日本人平均魚介類摂取量（g/人日）	100	82
魚の平均水銀濃度（ppm）	0.07	0.08
日本人水銀平均摂取量（μg/人日）	7–11	8.42
うち魚介類からの平均摂取量（μg/人日）	7	6.72

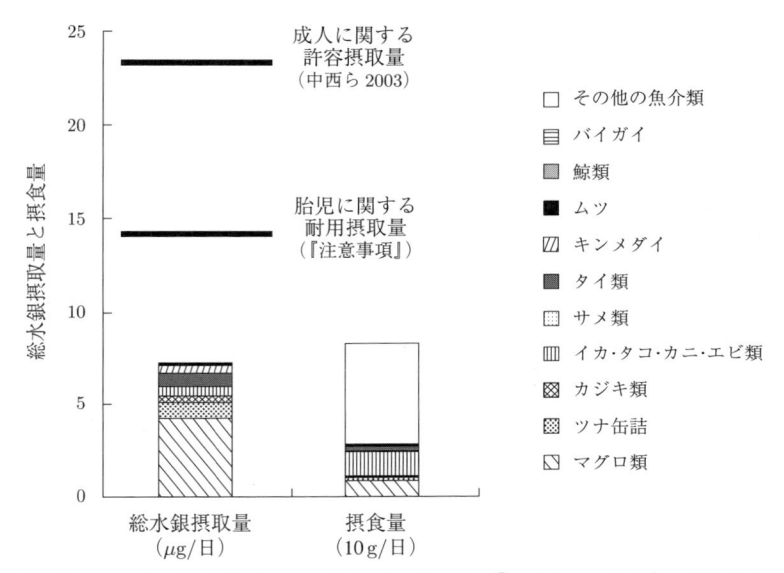

図 3.1 魚介類からの総水銀摂取量と魚介類の摂食量（『注意事項』より）．摂取量の 2 つの上限は魚介類以外からの総水銀平均摂取量 $1.7\,\mu g$/日を差し引いている．総水銀摂取量を計算する際の総水銀濃度については本文参照．

を食べる場合（仮定 3），およびその中間的な場合（仮定 2）において，高濃度の魚介類の摂食頻度の上限を計算している．図 3.1 に主な食材の平均摂食量を示す．

3.2 『注意事項』からリスクの自主管理を考える

今回の『注意事項』は，諸外国に先行例があるとはいえ，ある濃度以上の食材を禁止し，残りをすべて安全とするのではなく，週に 1 回までとか，摂食量の注意を述べている．高濃度の魚も市場で売られているから，後は消費者自らが判断し，自主管理することになる．他の発癌物質などではみられない方法である．本当は，水銀に限らず，有害とされる添加物でも少しだけなら使ってもよいし，安全とされる薬剤でも多量に使えば危険なはずである．情報が開示されれば，使う人，あるいは曝露される人が自ら管理できる．今回

の『注意事項』は,その手始めといえるかもしれない.

『注意事項』にあるとおり,「平均的な」食生活を送っている人ならば,水銀の危険性は問題にならない.けれども,中には魚をたくさん食べる人もいるだろう.どの程度のリスクがあるのかを計算できるようにしておくのも,安心を与える一助となる.

リスクを考えるとき,①平均摂取量,平均感受性で計算するだけでは不十分である.②摂取量の高い人,感受性の低い人(高リスク群)の有害性を吟味する必要がある.さらに,③1つ1つの魚種だけでなく,食生活全体から総合的に判断する必要がある.

上記報告書では胎児への影響に的を絞っているが,極端に魚をたくさん食べれば,成人でも有害にならないのだろうか.平均摂取量でみれば,それほど大きな問題はない.表 3.1 を見てほしい.高濃度の水銀を摂取したときの問題は,水俣病のような健康障害が生じることである.中西ら (2003) によれば,水俣病発症者の中で,血液中水銀濃度が最も低い人の値(最小毒性量:LOAEL[*1])は 0.2 ppm だったという(NOAEL[*1] は NOEL[*1] と似ているが毒性がみられない量であり,一般に NOAEL ≧ NOEL である).ただし,これより低い濃度でも知覚障害が現れることがあった[*2].そこで,安全を見込んでその 1/10 の 0.02 ppm を許容限界濃度とすると,体重 60 kg とすればメチル水銀摂取量の許容限界は 30 μg/人日であり,日本人の平均体重を 50 kg とすれば許容限界は 25 μg/人日である.

他方,国民栄養調査によれば,日本人の平均総水銀摂取量は 1960 年頃には 98 μg/人日であり,最近ではそれよりだいぶ減って 7–11 μg/人日である(中西ら 2003 に出典あり).『注意事項』によれば 8.42 μg/人日であり,このうちの 80% が魚介類からの摂取であり,残り 1.70 μg/人日はその他の食品からの摂取である[*3].食品以外からのメチル水銀の摂取はほとんど無視できる.

最近の摂取量のうち約 80% が魚介類からの摂取と考えられている.魚介類

[*1] LOAEL: lowest observed adverse effect level, NOAEL: no observed adverse effect level, NOEL: no observed effect level.

[*2] http://homepage3.nifty.com/junko-nakanishi/zak216_220.html#zakkan220

[*3] http://www.nihs.go.jp/hse/food-info/mhlw/news/ 050812/050812-11.pdf

中に含まれる水銀のほとんどはメチル水銀と考えられているが，いずれにしても上記の許容限界よりも低い．

　図 3.1 は，『注意事項』に記された情報から日本人の平均的な魚介類の摂食量と総水銀摂取量をまとめたものである[*4]．ただし，総水銀摂取量を求める際の総水銀濃度がすべての魚種ごとにわからなかったので，マグロ類・ツナ缶詰はミナミマグロ，カジキ類はマカジキとメカジキの平均，タイ類はキダイ，ムツはクロムツ，鯨類はミンククジラ，バイガイは貝類平均の値を用いた[*5]．全体の魚介類の平均摂食量と水銀摂取量から上記魚介類の摂食量と水銀摂取量の総和の差が，それぞれその他の魚介類の摂食量と水銀摂取量とみなした．

　この試算では魚種ごとの平均総水銀濃度を用いず，たとえばマグロ類の水銀濃度をミナミマグロのそれで代用しているため，各魚種からの正確な水銀摂取量を表していない．しかし，マグロ類からの水銀摂取が大半を占めていることはうかがえる．その他の魚種にもクジラ類を含めて総銀濃度の高い魚種があるが，平均摂食量が少ないので，水銀の平均摂取量としては問題にならない．なお，平均摂食量とは，『注意事項』に示された 1 日あたりに摂食した人の割合と，食べた人あたりの摂食量の積である．

3.3　高リスク群のリスク評価

　けれども，平均値だけでは議論できない．摂食量，食べた魚介類中の平均濃度，人の水銀に対する感受性には個人差がある．リスクの高い集団がいることを考慮するのが，本書の主題であるリスク評価である．『注意事項』では摂食量の個人差は考慮しているが，感受性の個人差は考慮されていない．濃度のばらつきについては後で説明する．

　感受性の個人差については，成人については発症者の中で最も感受性の高い，水銀濃度が低くても発症する人を基準にしている．『注意事項』では，メ

[*4] http://www.nihs.go.jp/hse/food-info/mhlw/news/050812/ 050812-11.pdf
[*5] http://www.nihs.go.jp/hse/food-info/mhlw/news/050812/ 050812-7.pdf

チル水銀が母親から胎児に移り，生まれた子に神経症状が起きることがあるという．

1日に200gほど魚を食べる人がいれば，前記の許容限界を超えることがある．平均して魚介類172gに含まれる総水銀は14.0μgであり，これに魚介類以外からの平均摂取量1.7μgを加えると，『注意事項』による耐容摂取量になる．平均して魚介類286gに含まれる総水銀は23.3μgであり，中西ら (2003) による許容摂取量になる．国民栄養調査によれば，調査日に172g，286g以上魚を食べた人は，それぞれ8.8%と1.6%いる．

けれども，この人々が毎日これだけの魚介類を食べるわけではない．問題はある1日の摂取量でなく，長い年月にわたる1日あたりの平均摂取量であるが，そのデータは『注意事項』にはない．いずれにしても，毎日それほどたくさんの魚を食べる人はあまりいないだろう．また，水銀濃度の高い魚介類をたくさん食べる人がいれば，1日200g程度であっても，許容限界を超えていないか不安になるかもしれない．それを計算してみよう．

ここでは，前記の仮定1を採用する．すなわち問題とする魚介類以外からの摂取を無視する．図3.1にあるように，もともとマグロ類以外からの水銀摂取は平均すれば低い．表3.2には，『注意事項』で注意すべき魚種にあげた魚介類以外に，イワシ，サンマ，マサバをあげた．表3.2の例では1週間に約143μg，1日あたり20.3μgで，『注意事項』の耐容量より高い．

中西ら (2003) をさらに簡略化した手法で，このときのリスクを計算しよう．まず，成人のリスクだが，中西ら (2003) によれば，メチル水銀の1日あたりの摂取量 x（μg/日）と赤血球中メチル水銀濃度 y（ppm）には

$$y = (1.4x + 3)/1000 \tag{3.1}$$

という関係があり，症状が現れた人の赤血球中メチル水銀濃度の幾何平均値 y^* は 3.26 ppm，これに対応する平均摂取量 x^* は 2,326 μg/日だが，摂取量がこれより低くても，感受性の高い人，代謝能の低い人が発症する恐れがある．感受性と代謝能の個人差を考慮する必要があるが，これらは対数正規分布すると考えられ，それぞれの幾何標準偏差が 1.4 と 2.7 だから，$\exp\{\sqrt{[(\log 1.4)^2 + (\log 2.7)^2]}\}$ より合計の幾何標準偏差は 2.85 ppm となる．

表 3.2　魚介類の摂食量からメチル水銀摂取量を推定する計算表の使用例

魚種	週間摂食量 (g)	メチル水銀濃度 (ppm)	標準誤差 (σ)	摂取量 (μg/週)
魚介類以外からの摂取量				11.90
バンドウイルカ		6.62	1.64	0.00
メカジキ		0.67	0.04	0.00
マカジキ	80	0.34	0.06	27.44
ヨシキリザメ		0.35	0.01	0.00
キダイ	80	0.33	0.02	26.32
キンメダイ		0.53	0.03	0.00
クロムツ		0.31	0.02	0.00
クロマグロ	80	0.54	0.14	43.36
ミナミマグロ		0.39	0.07	0.00
メバチマグロ		0.55	0.08	0.00
ツチクジラ		0.32	0.32	0.00
イシイルカ		0.37	0.22	0.00
ミンククジラ	80	0.12	0.01	9.60
エッチュウバイガイ		0.49	0.02	0.00
ユメカサゴ		0.32	0.02	0.00
カタクチイワシ	80	*0.03*	*0.01*	2.64
サンマ	80	0.06	*0.005*	4.64
マサバ	80	0.21	0.03	16.72
合計				**142.62**

メチル水銀濃度は『注意事項』より．ただし斜体の数値は総水銀濃度で代用し，平均値の標準誤差は本文に説明した方法で最大値と検体数から推定した．上記のように毎日魚を食べると，メチル水銀総摂取量は 1 週間で約 143 μg になる．

　ただし，中西ら（2003）によれば，最も感受性の高い（低い濃度でも発症する）人の最小毒性量（LOAEL）あるいは無毒性量（NOAEL）が測定され，それからたとえば 10 倍の安全係数を見積もって集団の閾値の分布が推定されている．水銀濃度もしくは摂取量と発症率の関係を直接得ているわけではない．本来，リスク評価にはこの情報（濃度ごとの発症率）がある方が望ましい．きわめて高濃度の水銀を摂取した場合のリスクの値も，第 2 章で説明した外挿による推定である．はたしてこの計算値より高いのか低いのかは，何ともいえない．ここでは，もっとずっと低い濃度における低いリスクを問題にしているのである．

また,『注意事項』にある摂食率や濃度も,平均値と最小,最大値,検体数の情報があるが,リスク評価には標準偏差の方が使いやすい.最小値は検体数に依存し,たくさん集めるほど最小値は低く,最大値は高くなる.ここでは検体数 n のときの最大値を上位 $(n-1)/n$ の割合のデータとみなした.たとえば $n=10$ なら最大値を上位10%（90パーセンタイル）の値とみなした.それと平均値から,（対数）正規分布を仮定した際の（幾何）標準偏差を推定している.あまり勧められる方法ではない.生データがあれば得られる標準偏差が示されていないので,仮にこのような計算を行った.

Microsoft Excel には累積対数正規確率の関数（LogNormDist）があるので,表3.3のように,平均摂取量 x がわかれば赤血球中のメチル水銀濃度 y は式(3.1)により推定できる.そのときの成人に水銀中毒が生じるリスク $p(y)$ は,対数正規分布を仮定して

$$p(y) = \int_{-\infty}^{\log y} \frac{1}{\sqrt{2\pi\sigma^2}} \exp\left\{-\frac{(z-\mu)^2}{2\sigma^2}\right\} dz \qquad (3.2)$$

から求めることができる.ただし,μ は幾何平均の対数値（1.18）,σ は幾何標準偏差の対数値（1.05）である.これは Excel プログラムでは LOGNORMDIST(y, μ, σ) などとして求めることができる.ただし,引数の y, μ, σ には,それぞれの値か値のあるセル番号を代入する.妊娠中の女性が摂取した場合に胎児が水銀中毒になるリスクも,同様に対数正規分布を仮定して μ が -0.27,σ が 1.12 として求めることができる.

ここでは魚介類中の平均濃度の不確実性を考慮していないが,表3.2に平均値の推定誤差（標準誤差）を示したように,この平均値は2年前の『注意事項』とも値が変わっていて,試料により大きくばらついている.けれども,結論からいえば,この誤差（平均値の不確実性）を上記の標準偏差に加えてもほとんど結果に変わりはない.日常的な摂取によるリスクであるため,1回の食品に含まれる水銀濃度の多寡ではなく,平均値が重要になるからである.むしろ,平均値について,より正確な値が得られることが重要である.

表3.3に示したように,1960年代の水俣病の発生地域では多量の水銀が摂取され,住民の約 1/3 が発症したとみられている.中西ら（2003）によると遠洋マグロ漁船の乗員は乗船中に毎日 250 g のマグロを食べるというが,これ

表 3.3 さまざまな想定下でのメチル水銀の平均摂取量 x,赤血球中濃度 y,成人の生涯発症リスク,血液中濃度 z,胎児の発症リスク

想定	x (μg/日)	y (ppm)	成人の発症リスク	z (ppm)	胎児の発症リスク
表 3.2 の食生活の場合	20.37	0.032	5×10^{-6}	1.1	0.0023
許容水準	25.00	0.038	1×10^{-5}	1.3	0.0038
耐容量水準	15.71	0.025	2×10^{-6}	0.8	0.0012
平均的摂取量	6.74	0.012	5×10^{-8}	0.4	0.0001
平均的メチル水銀摂取量	5.90	0.011	3×10^{-8}	0.3	9×10^{-5}
1960 年代の水俣病患者	1250.00	1.753	27%	67.1	76%
マグロ多食者	137.20	0.195	0.4%	7.4	11%

マグロ多食者とはクロマグロを毎日 250 g 食べた場合.本文参照.

を 365 日一生続けると,成人に障害が出るリスクが 0.4%程度あり,無視できない.『注意事項』に書かれているとおり,『注意事項』にある耐容摂取量を超えても,成人のリスクはかなり低い.

問題は胎児のリスクである.妊娠中または妊娠前の女性が摂取した場合,胎児が曝露されて障害が出る恐れがある.これは一生の食生活ではなく,妊娠前と妊娠中の食生活に左右される.この間は,ある程度,水銀濃度の高い食品は控えた方がよさそうである.『注意事項』によれば,水銀は約 2 カ月でその半分が体内からなくなるというから,2 年たてば体内濃度は数千分の 1 に減る.

『注意事項』にあるように,現在の 8.42 μg/日の摂取量では,1 万人に 2 人程度のリスクが残る.『注意事項』の耐容限界では 1,000 分の 1 程度のリスクである.これは基準値としては高めである.『注意事項』の耐容限界の算定基準は中西ら (2003) とは異なる前提を用いているのだろう.表 3.2 のように毎日魚を食べていても,胎児へのリスクは 0.2%程度である.さらに,イワシやサンマなど,栄養段階の低いものを食べていれば,ほとんど問題はない.

『注意事項』ではそれぞれの食材ごとに摂食頻度を記している.けれども,重要なのは全食品からの水銀の摂取量の総和である.これは,表 3.2 のような形で計算するしかない.計算すれば,リスク評価を行い,どの程度のリスクがあるかを計算し,自らの食生活を管理することができる.

さて,『注意事項』には「魚は健康食品である」と記されているが,健康食

品としての便益は具体的に考慮されていない．リスクは確率的に生じ，およそ 10 万分の 1 程度の発症率を基準に考える．発症は当人にとっては大きな問題だが，全人口の平均余命の短縮として考えれば，ごくわずかな短縮である．たとえば 10 年寿命が縮むリスクが 10 万分の 1 だとすれば，1 万分の 1 年すなわち約 53 分の平均余命の短縮になる．他方，不飽和脂肪酸を摂取して平均寿命を延ばす効果については，通常，このようなリスク評価は行わない．たとえば，心疾患率が有意に数%下がることを議論する．差し引き平均余命が延びればよいというものではないが，便益の多寡に無関係にリスクを管理することが，必ずしも合理的とはいえない．便益とリスクを何らかの形で考慮することが，リスク便益分析である．

　魚は健康食品である．成人の場合は，よほど多量に高濃度の魚やイルカを食べない限り，大きな問題はない．妊娠中の女性は，胎児へのリスクを避けるために，ある程度の注意が必要であろう．

演習問題

[6] 魚食による水銀摂取の健康リスクと不飽和脂肪酸摂取の便益はどちらが大きいか？

[7] 2005 年 8 月の内閣府食品安全委員会汚染物質専門調査会の下記の資料を用いて，より多くの魚種についての水銀値を用いた水銀摂取量を計算する Microsoft Excel シート（またはより便利な計算プログラム）を作成せよ．
http://www.nihs.go.jp/hse/food-info/mhlw/news/050812/050812.html

chapter 4

リスクを冒す
水産資源管理とリスク評価

化学物質の環境基準だけでなく，水産資源管理にもリスク評価が取り入れられている．水産資源を利用すれば，その分だけ対象生物に影響を及ぼす．漁業は，リスクを冒して自然の恵みを利用する産業である．乱獲は将来の利益を損なうから，持続可能に利用することが望まれる．しかし，水産資源は増加率，資源量が不確実であり，かつ年変動する．したがって，今後はリスク管理に基づく管理規則が適用されていくだろう．

4.1 最大持続収獲量（MSY）理論

1996年に国連海洋法条約が発効して以来，日本は世界第7位の排他的経済水域を得た．その中の漁業資源を独占的に利用できる代わりに，持続可能に利用する責任を持つ．具体的には，漁獲可能量（TAC: total allowable catch）を定めて乱獲を防ぐことになっている．現在，日本はマイワシ，サンマ，スケトウダラなど7魚種でTACを定め，これらの魚種を排他的に利用している．

獲る漁業とは，自己増殖する魚の親（種もみ）を適度に残しながら，余剰分を獲るものである．全く獲らなくても根こそぎ獲っても，海の幸（生物資源）を有効に利用し続けることはできない．これは，いわば預金を元手にした利子生活と同じである．利子の額は，元金と利率で決まる．利子より多く預金を引き出せば，元金が減ってしまい，翌年の利子も減る．元金を減らさないように，利子の分だけ引き出さないといけない．あくまで人為的悪影響を抑えようと思うなら，獲らない方がよい．捕鯨論争は，結局のところ「一

切のリスクを避けろ」という主張と,「捕鯨を認めながら合理的にリスク管理しよう」という主張の価値観の対立といえる.獲る漁業とは,「リスクを冒して」自然の恵みを利用する産業である.

獲る漁業が預金と大きく違うところは4つある.1つは,利率が元金により異なり,図4.1に示すように預金が増えると利率が減ることである.預金の場合は,元金が増えても利率が変わることはない.生物資源の場合は,個体数が増えると増加率が鈍り,やがて増えなくなる.生態学では,これを「密度効果」という.また,放置しても増えなくなったときの個体数や資源量を,「環境収容力」という(図4.1).

N_t は t 年目の魚類の資源量とする.$N_{t+1} - N_t$ を余剰生産力と呼び,銀行預金の利子に対応する.たとえば,余剰生産力は資源量 N_t に対して図4.1のような一山形の曲線で表される.これが漁獲量 C より多ければ資源は増え,少なければ減る.図4.1の下側の水平線が漁獲量ならば,放物線との交点の黒丸が平衡状態になる.資源量が白丸より少なければ,余剰生産量が漁獲量を下回り,資源は枯渇するまで減ってしまう.

持続可能な漁獲量を最大にするには,図4.1の上側の水平線に対応する漁獲量で獲ればよい.これを最大持続収穫量(MSY)という.けれども,資源量が平衡点より少しでも下回ると,枯渇するまで減ってしまう.MSYは不確実性に弱い.

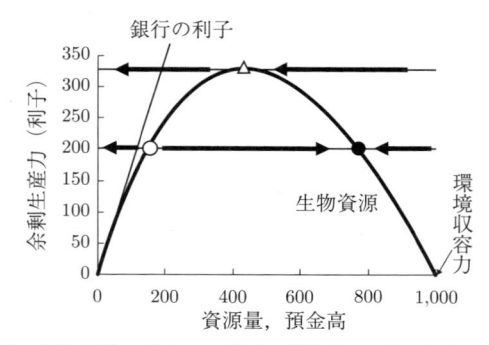

図 4.1 銀行の利子と生物資源の増え方の関係.放物線の頂点(△)が MSY をもたらす.ここでは,$N_{t+1} = N_t \exp[r(1 - N_t/K)] - C$ という関係式を用いた($r = 1$,$K = 1000$).ここで r は最大増加率(利率),K は獲らないときの平衡状態の資源量(環境収容力)を表す.

4.2 漁獲可能量（TAC）制度

第2に銀行預金と異なる点は，利率が正確にわからないことである．図 4.1 の曲線がわからなければ，ぴったり MSY にすることはできない．第3に，元金にあたる資源量もよくわからない．これらが不確実ならば，MSY ぎりぎりの状態で資源を利用としても，うまくはいかないだろう．第4に，生物資源の増加率（利率）は毎年大きく変動する．現在では市場連動型預金もあるが，生物資源の利率の変動は度を越していて，全く獲らなくても減ることさえある．これはむしろ株への投資に似ている．このように，不確実であり，かつ絶えず変動する生態系に対して，図 4.1 のような古典的な MSY 理論は机上の空論であった．

冒頭でも書いたが，1996 年の国連海洋法条約発効以後，加盟国は自国の排他的経済水域（おおむね沿岸 200 海里）内の水産資源を排他的に利用できる代わりに，その資源を持続的に利用する責任を負い，漁獲可能量（TAC）を定めることになった．日本では 7 魚種について，まず水産資源学者が生物学的許容漁獲量（ABC）を答申し，さらに社会的要因を考慮して毎年 TAC を定めている．MSY 理論を修正するものとして，資源量変化に応じて漁獲量を変える管理規則（ABC 決定規則）が考え出された．図 4.2 がその模式図である．毎年，資源量を評価しつつ，資源量が一定基準（B_{limit}）以上ならば，漁獲率を一定（F_{limit}）に保つ．基準以下に減ったら漁獲係数（近似的には

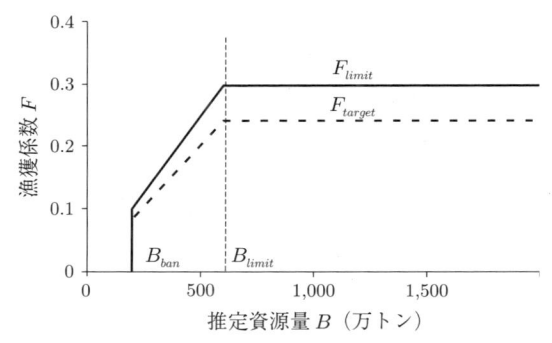

図 4.2 水産庁 2004 年度版の生物学的許容漁獲量決定規則の模式図．資源が減ると漁獲率を下げ，さらに安全率を見込むように設計されている．

資源量と漁獲量の割合と考えてよい）を減らす．

F_{limit} の値は水産資源学者が理論的に，資源量が持続的に B_{limit} 以上に維持できるとみなした漁獲率である．しかし，不確実性による過大評価に備えて，F_{limit} より少し割り引いた漁獲率を F_{target} として推奨している．通常は 2 割少なくするよう推奨される．第 3 章でも述べたように，リスク評価においては，このように，安全率を見込むことがある．これを予防措置（precautionary measures）と呼ぶ．F_{limit} の決め方はいくつか示されている[*1]．図 4.1 のような再生産関係を推定して MSY を求めるもの（F_{MSY}），現状の漁業が適切とみなしえるときに現状の漁獲率を用いるもの（$F_{current}$），次世代のことを考えずにある年級からの漁獲量を最大にするもの（F_{max}），現状の資源量を維持すると期待されるもの（F_{sus}），定められた資源回復計画を達成するために必要とされるもの（F_{rec}），漁獲がないときにある年級が生む産卵数の 30%（または他の値）の産卵を確保するもの（$F_{30\%SPR}$）などがある．%SPR については第 5 章で説明する．

資源が減っていない段階で予防措置を講じることには批判もある．第 1 章で紹介したとおり，リオ宣言では，「深刻または不可逆的な地球規模の環境問題については」という但し書きがある．乱獲により資源が減ることは，不可逆的とはいえない．実際には，事実上の生産調整を行っているサンマを除いて，F_{target} は適用されていない．必要なのは，図 4.2 に示したように，ある基準（B_{ban}）以下に減ったなら禁漁とするという，資源枯渇という重大な影響を避けるための予防措置である．2002 年までの管理規則には B_{ban} がなく，どんなに資源が減っても漁業が続けられるようになっていた．これでは，資源の枯渇に十分な歯止めをかけることはできない．

4.3 水産資源の順応的リスク管理

MSY 理論のように定常状態と完全情報を仮定した理論は，理念としては理解しやすいが，現実の環境問題にはほとんど役に立たない．そこで，不確実

[*1] http://abchan.job.affrc.go.jp/yougo/yougo18.html

性と非定常性を前提とした順応的管理（adaptive management）という考え方が生まれてきた．順応的管理とは，未実証の前提に基づいて管理計画を実施し，継続監視によってその前提の妥当性を絶えず検証しながら，状態変化に応じて方策を変えることによって管理失敗のリスクを低減する管理のことである．前提を検証し，必要なら修正する過程のことを順応学習（adaptive learning）という．状態変化に応じて方策を変えることはフィードバック制御と呼ばれる．順応学習とフィードバック制御が順応的管理の2つの柱である．

前提が科学的に実証される前に管理を実施するという意味で，これは予防原則と共通する．予防原則に比べて，事後検証過程を明示的に重視している．また，予防原則がしばしば安全性が実証できない限り規制するという方向に解釈されるのに対し，順応的管理は未実証でも管理を実施し，検証作業を事後に行うことが重視される．

順応的管理において大切なことは，①用いた前提を明確にすること，②状態変化に応じた方策の変え方（アルゴリズム）を予め定めておくこと，③評価基準を定めること，④不確実性を考慮したリスク管理を行うこと，⑤想定内を増やすこと，⑥利害関係者間の信頼関係を築くこと，そして，⑦現在の判断が間違いかもしれないことを自覚することである（松田・西川 2007）．すべて予定通りにはいかないが，事前にフィードバック制御の方法を十分に検討しておくこと，ひと通りの未来を期待せずにさまざまな事態を想定して対策を立てておくことが重要である．

4.4 生物学的許容漁獲量決定規則のリスク管理

さまざまな不確実性を考慮しつつ，資源の枯渇を防ぎ，なるべく禁漁にせず，高い平均漁獲量を得られる管理規則が望ましい．加入率（図 4.1 の資源量動態の式の r）の年変動と資源評価の推定誤差を考慮した上で，望ましい管理規則の決め方が研究されている（Katsukawa 2004）．ここでは，簡単な数式を用いた例を紹介する（松田 2004）．図 4.2 の B_{ban} と B_{limit} および F_{limit} をどう定めるかにより，ある資源量の閾値（たとえば上記の5,000 t）を下回るリスクと禁漁措置が実施されるリスクを一定限度（たとえば100年間に実

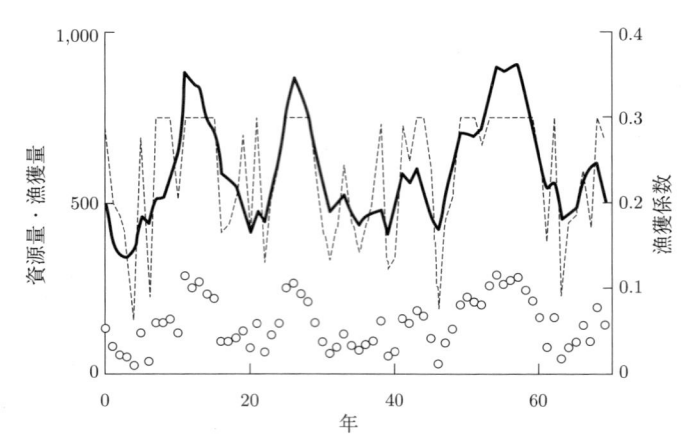

図 4.3 乱数を用いた数値実験による資源管理モデル．太線が資源量の変化．点線は漁獲係数，○は漁獲量を表す．

施されるリスクが5%以下）に抑えた上で，平均漁獲量と最低資源量がより高くなる方策を探す（図 4.3）．本書のウェブサイト（p.16 脚注）から図 4.3 の計算が追体験できる Microsoft Excel ファイルを入手できる．

資源量 N_t が以下の式によって年変動するとする．これは産卵期の直前に漁期がある場合に相当する．

$$N_{t+1} = (N_t - C_t) \exp[r_t - \alpha(N_t - C_t)] \quad (4.1)$$

資源量推定には誤差を伴うため推定値 $\tilde{N}_t$ は，

$$\tilde{N}_t = N_t(1 + \sigma_e \xi_t) \quad (4.2)$$

と表せるとする．ξ_t は -1 と 1 の間の一様乱数とし，σ_e は推定精度（この例では30%）とする．この推定値に応じて，漁獲係数 F_t を図 4.2 のグラフのように定め，漁獲可能量 $\hat{C}_t$ および実際の漁獲量 C_t をそれぞれ

$$\hat{C}_t = \tilde{N}_t[1 - \exp(-F_t)] \quad (4.3)$$
$$C_t = \mathrm{Min}[\hat{C}_t, N_t(1 - \exp[-F_t(1 + \sigma_c \zeta_t)])] \quad (4.4)$$

と表せるとする．ここで ζ_t は -1 から 1 の間の一様乱数，σ_c は実行誤差で

ある．漁獲可能量は推定資源量と漁獲係数から算出され，漁獲量がそれを超えることはない．しかし，実際の資源量が少ないときなどには，漁獲量が漁獲可能量を下回ることはよくある．

図 4.3 では，$r = 0.5$, $K = 1000$, $\sigma_r = 1$, $\rho = 0.7$, $\sigma_e = 0.3$, $\sigma_c = 0.1$, $F_{target} = 0.24$, $B_{ban} = 200$, $B_{limit} = 600$ のときの資源量変化の計算機実験の一例である．このように，個体群動態，資源量推定誤差，それらに基づく管理方策などを仮想的に試行する数理モデルを「オペレーティングモデル」という．

禁漁を減らすには図 4.2 の B_{ban} を低く，いっそのこと 0 にすればよい．しかし，資源量が閾値を下回るリスクは高くなるし，平均漁獲量も最低資源量も低くなる．B_{ban} を高く設定しても，B_{limit} を高く設定し，早めに漁獲率を抑えておけば，資源の減少に歯止めをかけることができ，結果として最低資源量を高く，平均漁獲量も高く維持することができる．

資源が減ってきたときに漁獲率を抑えることは，その年の漁獲量を減らすことになるが，必要以上の資源の減少を防ぎ，長期的には高い漁獲量を維持することができるのである．このことを漁業者に言っても，なかなか合意は得られない．その原因と思われるものをいくつか列挙する．

マイワシは自然変動が激しく，いくら獲っても増えるときもあり，禁漁しても減るときもある．したがって，管理の効果がみえにくい．財政投資を行う者なら誰でも知るギャンブル性を，一獲千金を生業とする漁業者が理解していないようにみえる．資源学者の勧告を，古典的な MSY 理論に基づく机上の空論と誤解している節がある．変動していても，管理は必要なのである．そして，実は漁業者は水産行政の庇護下にあり，資源が減ったら補償が得られることが多い．特に，国が漁船数の削減を打ち出せば，やめるときには補償が得られる．これでは，獲りたいだけ獲り，減ったら国に頼ることになるだろう．

このように，今後の水産資源管理には，不確実性と変動性を考慮し，乱数を用いた将来予想を行い，資源の回復や崩壊の確率を求めて政策に反映させるリスク管理が適用される．それに伴い，資源回復目標の設定を学者だけに任せず，利害関係者の合意の下に定める制度も導入される．リスク管理技術

の進歩と合意形成の枠組み作りが並行して進むことが，重要である．

4.5 マイワシとマサバの乱獲問題

マイワシは1930年代と1980年代に高水準期にあり，1960年代には低水準期にあった（図 4.4）．1990年前後の急激な減少の際，毎年新規加入がほとんどなく，マイワシの高齢化が進んだことから，減少の原因は乱獲ではなく，自然変動とみられている（乱獲による減少なら，高齢魚からいなくなる）．1988年にはマイワシだけで年450万tを漁獲し，日本の全漁獲量は1,200万トンで世界一の漁獲量を誇っていた．2003年には約5万tにまで減った．対馬暖流系群（日本海側の個体群）の B_{ban} は5,000tと設定されている．これは最も低水準だった1960年代の推定資源量に基づいている．それより減らさないような管理を目指している．

生物学的許容漁獲量（ABC）は1998年から公表されている．図4.5のマイワシをみると，漁獲可能量（TAC）は常にABCを大幅に上回り，実際の漁獲量もABCを上回っていたことがわかる．これでは，資源が減り続けて

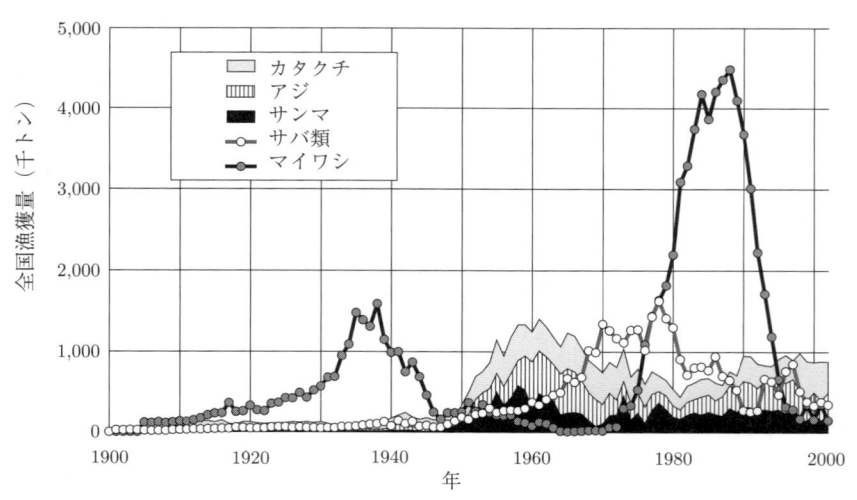

図 4.4 日本の主な浮魚類の全国漁獲量の年次変化（農林水産統計および Matsuda & Katsukawa 2002 より改変）

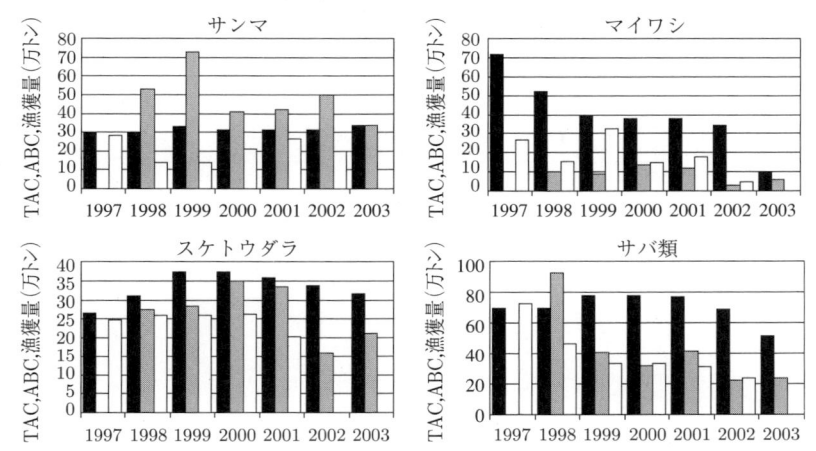

図 4.5 主要 4 魚種の漁獲可能量（TAC：黒い棒），生物学的許容漁獲量（ABC：灰色の棒），漁獲量（白い棒）の年変化（谷津 2003）

当然といえるだろう．

5,000 t を B_{ban} と定め，これより減らさないために，水産庁漁場保全課と水産学者は，以前より図 4.2 に基づき低い ABC を設定してきた．しかし実際の TAC はそれより数倍以上多く設定され，漁獲量も多かった．その結果，資源はますます減り続け，ついに 2004 年に B_{ban} を下回り，ABC を 0 とする答申が出された．このとき，特に太平洋側のマイワシ漁業関係者から強い異論が出された．ABC を反映した資源管理を行えるかどうか，今後の日本の漁業管理にとって正念場となるだろう．

筆者が以前，水産庁の研究所にいたとき，サバの乱獲が資源も漁獲量も減らしていると警告した（松田 1995）．Kawai ら（2002）は，1990 年代の未成魚乱獲により資源回復が妨げられたことを示した（図 4.6）．これは平成 14 年版の水産庁の資源評価にも記された．そのとき，将来も未成魚乱獲を続けたときの資源回復確率を求めたところ，1,000 回の試行のうち，20 年後までに資源量が 100 万 t に回復した試行は一度もなかった．他方，1990 年以前のように成魚中心の漁業を行う場合には，資源回復確率は 5 割ほどであった（図 4.7）．

この結果を見せてから，漁業者も，マサバについては資源管理の必要性を

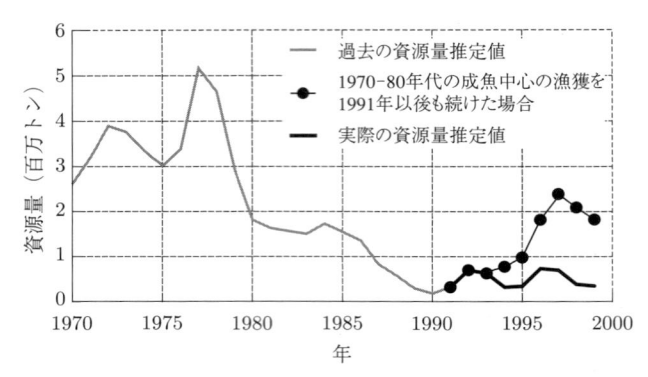

図 4.6 太平洋マサバ太平洋系群の過去の資源量変化と，91 年以後も 1970–90 年頃のように成魚中心の漁獲を続けていた場合の資源量変化（Kawai *et al.* 2002 より改変）

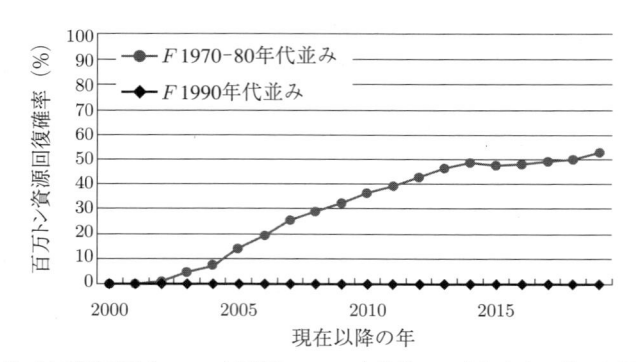

図 4.7 マサバ太平洋系群を 2000 年以降に 1980 年代並みに成魚中心に獲った場合と，1990 年代のように未成魚中心に獲った場合の資源回復確率（Kawai *et al.* 2002 より改変）

認めるようになった．水産総合研究所の資源評価票にも，1992 年と 1996 年の卓越年級群に対する乱獲が資源回復を妨げたことが明記されている．

　表 4.1 を見てもわかるように，水産総合研究センターでは，いくつかの管理理念に基づいて生物学的許容漁獲量を計算し，それぞれにおける資源量について 1 通りの将来予測を行うのではなく，数値目標を達成できないリスク（達成する確率）を示している．このうちどの政策を用いるかは社会的合意に委ねようという態度を示している．その意味で，日本の漁獲可能量制度には，

表 4.1　マサバ太平洋系群の資源管理シナリオ

漁獲のシナリオ（管理基準）	管理の考え方	2007年漁獲量	漁獲係数 F [a]	漁獲割合 [b]	評価 [c]
ABC limit (F_{rec})	漁獲圧を減らして資源の回復	54 千トン	0.31	21%	A：39% B：100% C：187 千トン
ABC target ($0.8F_{rec}$)	上記の予防的措置	46 千トン	0.25	18%	A：52% B：100% C：191 千トン
現状の資源量維持（F_{sus}）	産卵親魚量を 2008 年以降一定水準（80千トン程度）に維持	93 千トン	0.7	36%	A：1% B：53% C：119 千トン
現状の漁獲圧の維持（$F_{current}$ [d]）	現状の漁獲圧（2003～2005 年の平均）の維持	85 千トン	0.61	33%	A：2% B：55% C：126 千トン

a）漁獲係数 F は各年齢の漁獲係数の単純平均.
b）漁獲割合 ＝ ABC/資源量．資源量は TAC 算定年 7 月と前年 7 月時点の推定値の平均.
c）評価欄の A～C は，加入量と資源評価の不確実性を考慮したシミュレーションにより，A：2014 年に B_{limit} を上回る確率，B：過去最低の産卵親魚量（2002 年 37 千トン）を 2007～2014 年に常に上回る確率，C：2007～2014 年の平均漁獲量を表す.
d）$F_{current}$ は 2003～2005 年の平均の F.
（平成 18 年度 我が国周辺水域の漁業資源評価より　http://abchan.job.affrc.go.jp/digests18/html/1805.html）

リスク管理の考え方がすでに定着しているといえる．

4.6　サンマの国際管理

　サンマも漁獲可能量対象魚種だが，図 4.5 を見るとわかるように，他の魚種と異なり，ABC より低い TAC が社会合意されており，しかも実際の漁獲量はさらに低い．サンマの需要は焼き魚など限られていて，漁獲量が多すぎると値崩れするため，事実上の生産調整を行っている．しかし，サンマ資源は 1990 年代からほぼ高水準である．国連海洋法条約によれば，漁獲量が TAC より低い場合には，外国漁船を排除することはできない．排他的経済水域とはあくまで沿岸国が優先して資源を持続可能に利用する権利を持つというこ

とであり，TACが余っていれば，他国では漁獲枠を他国に割り当てることがよく行われている．

　サンマ資源は排他的経済水域を越えて黒潮続流の沖に広がっているため，排他的経済水域の外では韓国漁船などが大量に獲り始めている．日本の沿岸沖合漁業では水揚げ後に冷凍するのに対し，韓国漁船は新らしくて大きく，船内で冷凍している．

　TAC制度が導入された頃から，サンマ漁船には，魚体を大きさによって選別する分離機が搭載された．小型魚は養殖魚の餌などに利用されるために廉価で取引されるが，上記の理由から，供給過剰にならないようなTACが設定され，TACの枠内で大型魚をたくさん獲るために小型魚を洋上投棄するようになったと思われる．TAC制度は体長組成などに規定がなく，投棄魚も数えずに総量だけを規制するために，このような弊害が生じる．

　これは，小型魚を利用していた水産加工業者の反発を招いた．その後，需要が限られている食用大型魚が供給過剰に陥り，かえって大型魚の魚価が崩れてしまった．そのため，漁業者は分離機の搭載をやめた．サンマは現在のところ高水準期で，小型魚投棄が直ちに資源に致命的な影響を与えているとはいえないが，低水準期になったときには大きな影響が懸念される．積極的に投棄するような漁法は規制すべきである（表 4.2）．

　このように，漁獲可能量制度にはさまざまな問題があり，乱獲を避けるための誘因が的確に作用するどころか，投棄魚を増やす場合もある．また，国内または排他的経済水域内だけで管理するのではなく，広域に分布する資源では，国際管理の枠組みが欠かせない．まず，小型魚大量投棄という弊害をなくし，選別するにしてもすべて持ち帰るような国際協定を合意する必要がある．

　水産物も基本は自由貿易であり，乱獲された水産物も，管理された水産物も市場に出回れば区別がつきにくい．そのため，国際的な環境団体は農林水産物の自由貿易には批判的である．農林水産物の生産実態に一定の環境基準を設けて，それを満たすものだけを輸入するようにすれば，日本の漁業をある程度守ることができる．労働賃金の格差は埋めようがないが，少なくとも，便宜置籍船（国際管理を免れるために国際条約に加入していない国などに船

表 4.2　サンマの資源管理シナリオ

漁獲のシナリオ(管理基準)	管理の考え方	2007 年漁獲量[a]	漁獲係数 F	漁獲割合	評価[b]
ABC limit ($F_{60\%SPR}$)	親魚量の確保	808 千トン(439 千トン)	0.259	26.1%	A：72.4% B：3,595 千トン C：938 千トン
ABC target ($0.8F_{60\%SPR}$)	上記の予防的措置	658 千トン(357 千トン)	0.207	21.2%	A：35.2% B：4,076 千トン C：862 千トン
現在の漁獲圧維持（$F_{current}$）	現在(2005 年)の漁獲圧を維持	338 千トン(183 千トン)	0.102	10.9%	A：12.7% B：5,118 千トン C：559 千トン

a) 2007 年の漁獲量予測で，括弧内は日本該当分（全漁獲量の 54.3%：2003～2005 年）．
b) 評価欄の A～C は，非平衡プロダクションモデルで漁獲割合を合わせて計算したもので，A：2007～2016 年で B_{msy}（最大持続収穫量 MSY を達成する資源量）を下回る確率，B：2007～2016 年の平均資源量，C：2007～2016 年の平均漁獲量を表す．
(平成 18 年度 我が国周辺水域の漁業資源評価より　http://abchan.job.affrc.go.jp/digests18/html/1809.html)

籍を変えた漁船などのこと）による乱獲や海岸生態系を破壊して作った養殖水産物の輸入を制限することは可能だろう．もちろん，環境基準を設けても，環境に優しい海外からの水産物輸入まで制限することはできない．しかし，世界最大の水産物輸入国である日本が環境基準を設けることにより，世界の海を守ることに貢献できれば，たいへんよいことともいえるだろう．

演習問題

[8] 推定資源量がある値以下になった場合，捕獲を禁止しても減り続け，最後に絶滅すると思うのだが？
[9] 日本では 7 種の TAC 対象魚種はどのように決定されたのか？
[10] 回遊魚のような広い地域をまたいで成長する魚は当然ながら，他国の TAC を定めると考えられる．この TAC 算出方法が各国によって異なると思う．これにより日本の計画が大幅にずれることはないのか．もしくは，そうならないように，会議が設けられているのか？
[11] 漁業関係者（特に現場）にパラメータの値を決定させるとき，高度な数学的な知識の説明はどうしているのか？

chapter 5

リスクに染まる
化学物質の生態リスク評価

化学物質濃度の環境基準は，おもに発癌性など人の健康に与える影響を考慮して定められてきた．しかし，トリブチルスズや亜鉛など，生態系に与える影響を根拠として規制されたものがある．化学物質の種類は膨大であり，影響を受けるだろう生物の種数も膨大である．本章では，生態リスクの評価方法と考え方を説明する．

5.1 化学物質の環境基準の考え方

　近年まで，化学物質の環境基準値は人の健康の保護および生活環境の保全の上で維持されることが望ましい基準として決められてきた．日本でも，水銀やカドミウムに曝露された人に公害病が認定された水俣病やイタイイタイ病などの実例がある．

　近年，人の健康だけでなく，生態系の保全を目的とした環境基準が設けられる例がみられるようになった．亜鉛はその典型例である．従来，亜鉛については水道水質基準が定められている．水道水質基準は，色，濁り，味，臭いなどが生活用水として利用するのに支障がなく，水道施設に対して腐食などの影響を避ける水準として設定されている．つまり，人の健康に及ぼす影響ですらない．以下に示す亜鉛の排出基準は，そのような水道水の水質基準よりも厳しいものである．

　有害物質の中には，体内に摂取されると排出されにくいという蓄積性を持つものがある．その場合，魚の体内濃度よりもその魚を食べた捕食者の体内濃

度の方が高くなる．食物連鎖を繰り返すたびに濃度が上がるため，最上位捕食者である人の体内濃度が最も高くなる傾向にある．さらに，人は寿命が長いために，より短命な餌生物よりも蓄積が進みやすい．そのため，難分解性，高蓄積性，長距離移動性，有害性を持つ物質を残留性有機汚染物質（POPs：persistent organic pollutants）と呼び，これらから人の健康と生態系を保全するため「残留性有機汚染物質に関するストックホルム条約」（POPs 条約）が 2004 年 5 月に発効した．

重金属の中には前述の水銀やカドミウムなど，重篤な人の健康障害が発生した前例があり，公共用水域や土壌などには環境基準値，事業所や工場には排水基準が設けられている．

環境省では，日本の海域および淡水域を以下の 6 つの範疇に分け，水生生物保全のための環境基準値を設けている（表 5.1）．亜鉛の場合，結果的には淡水域では基準値に差がないが，産卵場ではより手厚く規制し，サケマス類の生息域はコイ・フナ類に比べて手厚く規制することができる．また，海域の方が環境基準値は低い．

本章で取り上げる亜鉛については，水生生物への曝露試験より明らかになった許容レベルを超過する地点が公共用水域において多数存在したことなどより，河川などの環境基準値が 2003 年に 0.03 mg/L と設定された．これは水道水よりも厳しい基準だから，環境基準を超える水域に水道水を流しても濃度を下げることができないことがある．また，2006 年 12 月から，従来の人の健康の観点から定めていた全亜鉛（亜鉛とその化合物）の排出基準値を 5 mg/L から 2 mg/L に変更した．ただし，数年間の施行猶予をおくことになった．

亜鉛の主な排出源は，休廃止鉱山，メッキ工場などに加えて，トタン屋根や車のタイヤに含まれているため，住宅地や道路などからも河川中に流れ込む．下水処理場からも排出される．工場などの排出源は点源（point source）と呼ばれ，道路などは非点源（non point source）と呼ばれる．非点源の排出量を抑えるのは難しいが，点源の排出量は排出基準を厳しくすることで抑えることができる．点源と非点源の供給量はまだ十分分析が進んでいないが，河川によっては非点源の供給量が多いと考えられる例もある．さらに，休廃止鉱山周辺では亜鉛濃度がかなり高い場所もあり，そのような場所の対策は

表 5.1　全亜鉛の水生生物保全環境基準の水域類型および基準値の概要

水域	類型	基準値
河川および湖沼	生物 A	0.03 mg/L 以下
	生物特 A	0.03 mg/L 以下
	生物 B	0.03 mg/L 以下
	生物特 B	0.03 mg/L 以下
海域	生物 A	0.02 mg/L 以下
	生物特 A	0.01 mg/L 以下

- 淡水域の生物 A：イワナ，サケマスなど比較的低温域を好む水生生物およびこれらの餌生物が生息する水域．
- 淡水域の生物特 A：生物 A の水域のうち，生物 A の欄にあげる水生生物の産卵場（繁殖場）または幼稚仔の生育場として特に保全が必要な水域．
- 淡水域の生物 B：コイ，フナなど比較的高温域を好む水生生物およびこれらの餌生物が生息する地域．
- 淡水域の生物特 B：生物 B の水域のうち，生物 B の欄にあげる水生生物の産卵場（繁殖場）または幼稚仔の生育場として特に保全が必要な水域．
- 海域の生物 A：水生生物の生息する地域．
- 海域の生物特 A：生物 A の水域のうち，水生生物の産卵場（繁殖場）または幼稚仔の生育場として特に保全が必要な水域．

（環境省 化学物質ファクトシート 2006 年度版より　http://www.env.go.jp/chemi/communication/factsheet/data/yougo/043.html）

多大な費用がかかるだろう．

　実際に，休廃止鉱山下流域などの重金属濃度の高い河川では，底生生物群集の種組成が明確に異なっている．隣接する汚染されていない河川の亜鉛濃度が 0.01 mg/L 以下なのに対し，これらの河川では 0.3 mg/L 以上ある地点が多い．亜鉛などの重金属濃度の高い地点では生息するカゲロウ目，カワゲラ目，トビケラ目の分類群数（各目の学名の頭文字をとって EPT 指数という）の合計が低亜鉛の河川に比べてかなり低い．代わりに，汚染に強いユスリカ類が多くなることがある．しかし，亜鉛濃度が環境基準の 2 倍程度の河川でも，底生生物群集の種組成や生物体量に目立った変化がみられない地点もある．

5.2 亜鉛の生態リスク評価

淡水域での環境基準値（0.03 mg/L）は，複数の毒性試験結果の比較検討により，結果的に底生生物の 1 種であるエルモンヒラタカゲロウの慢性毒性値を根拠に導出されている．欧米では基準値を導出する際に，以下のように種の感受性分布を用いた方法が主流となっている．

まず，それぞれの種 i に対して慢性毒性の無影響濃度（NOEC）を飼育実験などで推定する．これを NOEC が低い種から順に並べて x_i，その常用対数を $y_i (= \log_{10} x_i)$ とおく．調査対象種はできるだけ偏りなく広い分類群から選ぶことが望ましい．たとえばこれが表 5.2 のように S 種（この場合は $S = 12$）の生物について得られたとする．$x_i/(S+1)$ をランクとする．対数濃度 y_i の平均 μ は 2.06，標準偏差 σ は 0.52 である．これから累積正規分布 $E(y)$ を

$$E(y) = \frac{1}{\sqrt{2\pi\sigma^2}} \int_{-\infty}^{y} \exp\left[-\frac{(y-\mu)^2}{2\sigma^2}\right] dy \qquad (5.1)$$

とおく．これが各種のランクの予測値となる．

表 5.2 についての累積頻度分布と累積正規分布を図 5.1 に示す．これはすべての野生生物の NOEC が対数正規分布をしていると仮定し，得られた観

表 5.2 さまざまな種における亜鉛の NOEC

濃度 $x_i(\mu g/L)$	対数濃度 y_i	ランク	累積対数正規確率
16	1.20	0.08	0.05
25	1.40	0.15	0.10
50	1.70	0.23	0.24
68.7	1.84	0.31	0.33
75	1.88	0.38	0.36
78	1.89	0.46	0.37
109.5	2.04	0.54	0.48
140	2.15	0.62	0.56
290	2.46	0.69	0.78
440	2.64	0.77	0.87
534	2.73	0.85	0.90
660	2.82	0.92	0.93

（Kamo & Naito 印刷中より）

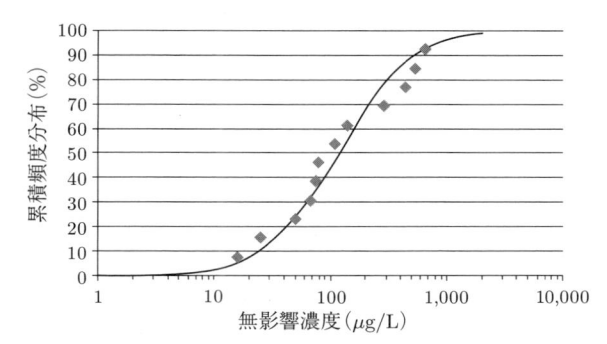

図 5.1 亜鉛の無影響濃度についての種の感受性分布（Kamo & Naito 印刷中より改変）

測値からその頻度分布を予測したものである．

　生態リスクの規制については，すべての生物への影響を避けるようには合意されていない．その代わり，全体の 95% の種に影響が出ない濃度を求める．これを HC5（the hazardous concentration for 5% of the species）と呼ぶ．亜鉛の場合，上記の評価により 0.016 mg/L と求められた．なぜ 95% かといえば，生態系の構成種の 5% 程度まで失われても，生態系機能が大きく損なわれることはないだろうという見解からだといわれる．

　このように，生物に与える化学物質の影響は種によって異なる．言い換えれば，生物種のその化学物質に対する感受性が異なる．図 5.1 を慢性毒性の無影響濃度についての**種の感受性分布**（species sensitivity distribution）という．

　しかし，ある生物の無影響濃度を超えても，その種がいなくなるとは限らない．上記は個体レベルの影響の有無を調べただけで，個体群の存続可能性を直接判定したものではない．

　Kamo & Naito（印刷中）は 6 種の生物についての既往研究から，個体群存続に支障が出ると思われる濃度を調べた．その濃度の推定方法は種ごとに異なるが，ここではカワマス（Brook trout, *Salvelinus fontinalis*）の例を紹介する（Holcombe *et al.* 1979）．

　全亜鉛の濃度 x（μg/L）の曝露により産卵数 $f(x)$ が減少した．その回帰式（薬物反応曲線）は

$$f(x) = -0.00027x + 1.004 \tag{5.2}$$

となった（$p = 0.00018, R^2 = 0.677$）．成魚の生存率への影響はみられなかったが，稚魚の生存率 $g(x)$ については 12 週間の曝露により有意に死亡率が上昇した．

$$g(x) = -0.00022x + 1.021 \quad (p < 0.0001, R^2 = 0.95)$$

カワマスは 5 歳で成熟する．カワマスの齢構成を $\mathbf{N}(t) = (N_0(t), N_1(t), N_2(t), N_3(t), N_4(t), N_5(t))^{\mathrm{T}}$ とする．ただし上付き添え字 T は転置行列を表し，$N_i(t)$ は年 t の産卵期直後の i 歳の個体数を表す．つまり，$\mathbf{N}(t)$ は転置されて以下に示すように列ベクトルになっている．その齢別個体数の時間変化は以下のように表される．

$$\begin{pmatrix} N_0(t+1) \\ N_1(t+1) \\ N_2(t+1) \\ N_3(t+1) \\ N_4(t+1) \\ N_5(t+1) \end{pmatrix} = \begin{pmatrix} 0 & 0 & 38.4f(x) & 129.5f(x) & 303.1f(x) & 500f(x) \\ 0.04254g(x) & 0 & 0 & 0 & 0 & 0 \\ 0 & 0.3996 & 0 & 0 & 0 & 0 \\ 0 & 0 & 0.1776 & 0 & 0 & 0 \\ 0 & 0 & 0 & 0.0927 & 0 & 0 \\ 0 & 0 & 0 & 0 & 0.0179 & 0 \end{pmatrix} \begin{pmatrix} N_0(t) \\ N_1(t) \\ N_2(t) \\ N_3(t) \\ N_4(t) \\ N_5(t) \end{pmatrix}$$
(5.3)

または簡単にベクトル行列表記を用いて，以下のように表す．

$$\mathbf{N}(t+1) = \mathbf{M}\mathbf{N}(t)$$

ただし，亜鉛濃度に依存した産卵数と稚魚生存率については上記の回帰式 (5.1) と (5.2) を用いた．この行列 $\mathbf{M}$ をレスリー行列といい，その最大固有値 λ（実数部が最大の固有値）は，この行列の対角成分に $-\lambda$ を入れた行列の行列式が 0 になる値である．これは本書のウェブサイト（p.16 脚注）のワークシート PHC5 にあるように，Microsoft Excel の関数 MDeterm により求めることができる．個体群の存続には $\lambda \geq 1$ が必要だから，この λ が 1 になる亜鉛濃度 x がカワマスの個体群存続を危うくする閾値濃度となる．それは 295 μg/L である．他の 5 種の閾値濃度も既往研究から求められた（Kamo & Naito 印刷中）．

式 (5.3) のレスリー行列を作る際には，少し注意が必要である．人はどの月に生まれる子もまんべんなくいるが，多年生といって，何年も生きる動植物

の多くは繁殖する季節,すなわち繁殖季 (breeding season) が決まっている. 式 (5.3) では,繁殖季の直後を起点にとり,その年 t に年齢 a の個体が $N_a(t)$ 個体いるとする ($a = 1, 2, \ldots, A$). ただし前年生まれの個体は繁殖季直前の時点で 1 歳とみなし,A は最長寿命を表す. ここでは雌 (女性) の数だけを追う. 人を含む多くの生物の個体数変動 (人口動態, demography) は,実際にこの方法を採用している. 雌雄の数がほぼ等しいとすれば,雌の個体数の 2 倍が全個体数となり,雌の個体数増加率は全体の増加率に等しくなる. 年齢 a の雌個体が翌年まで生き残る率,すなわち年生存率 (survival rate) を p_a とし,年齢 a の雌個体が産む娘の数を m_a とする. その子が翌年の繁殖季の直前まで生き残る率は p_0 である. 齢構造 (age structure) を考慮した個体数増加の漸化式は一般に

$$\begin{pmatrix} N_0(t+1) \\ N_1(t+1) \\ N_2(t+1) \\ \vdots \\ N_{A-1}(t+1) \end{pmatrix} = \begin{pmatrix} p_0 m_1 & p_1 m_2 & \cdots & p_{A-2} m_{A-1} & p_{A-1} m_A \\ p_0 & 0 & \cdots & 0 & 0 \\ 0 & p_1 & \cdots & 0 & 0 \\ \vdots & \vdots & \ddots & \vdots & \vdots \\ 0 & 0 & \cdots & p_{A-2} & 0 \end{pmatrix} \begin{pmatrix} N_0(t) \\ N_1(t) \\ N_2(t) \\ \vdots \\ N_{A-1}(t) \end{pmatrix}$$
(5.4)

と表すことができる. 式 (5.3) では $A = 6$,$(p_0, p_1, p_2, p_3, p_4, p_5) = (0, 0.04254, 0.3996, 0.1776, 0.0927, 0.0179)$ であり,$(m_1, m_2, m_3, m_4, m_5) = (0, 38.4f(x), 129.5f(x), 303.1f(x), 500f(x))$ である.

ここで注意すべきは,1 年のいつの時点で年齢を計り,個体数を計るかということである. 今は繁殖季の直後を起点にとったので 0 歳が最も若い個体である. 繁殖季の直前を起点にとると,式 (5.4) は,

$$\begin{pmatrix} N_{t+1,1} \\ N_{t+1,2} \\ N_{t+1,3} \\ \vdots \\ N_{t+1,A} \end{pmatrix} = \begin{pmatrix} m_1 p_0 & m_2 p_0 & \cdots & m_{A-1} p_0 & m_A p_0 \\ p_1 & 0 & \cdots & 0 & 0 \\ 0 & p_2 & \cdots & 0 & 0 \\ \vdots & \vdots & \ddots & \vdots & \vdots \\ 0 & 0 & \cdots & p_{A-1} & 0 \end{pmatrix} \begin{pmatrix} N_{t,1} \\ N_{t,2} \\ N_{t,3} \\ \vdots \\ N_{t,A} \end{pmatrix}$$
(5.5)

表 5.3 各種の個体群存続にかかわる推定された亜鉛の閾値濃度

種	学名	閾値濃度（mg/L）
ファットヘッドミノー（コイ科）	*Pimephales promelas*	0.172
カワマス	*Salvelinus fontinalis*	0.295
タマミジンコ	*Moina macrocopa*	0.94
渇藻の 1 種	*Isochrysis galbana*	2.35
藍藻の 1 種	*Chroococcus paris*	4.74
繊毛虫の 1 種	*Colpoda cuculus*	6.57

（Kamo & Naito 印刷中より）

と書くことができる．この 2 つのどちらを用いてもよいが，いつの季節の個体数を数えているかを混同してはならない．式 (5.5) の 1 行目に 1 歳直前までの生存率 p_0 を忘れたり，さらに 0 歳から A 歳までの行と列が 1 つ長い行列を考えてしまったりする誤りを時折見かける．つまり，

$$\begin{pmatrix} N_{t+1,0} \\ N_{t+1,1} \\ N_{t+1,2} \\ \vdots \\ N_{t+1,A} \end{pmatrix} = \begin{pmatrix} 0 & m_1 & \cdots & m_{A-1} & m_A \\ p_0 & 0 & \cdots & 0 & 0 \\ 0 & p_1 & \cdots & 0 & 0 \\ \vdots & \vdots & \ddots & \vdots & \vdots \\ 0 & 0 & \cdots & p_{A-1} & 0 \end{pmatrix} \begin{pmatrix} N_{t,0} \\ N_{t,1} \\ N_{t,2} \\ \vdots \\ N_{t,A} \end{pmatrix} \quad (5.6)$$

という行列は間違いである！

式 (5.3) から，慢性毒性の種の感受性分布と同様にして，個体群存続の閾値濃度（表 5.3）についての種の感受性分布を求めることができる（図 5.2）．このとき，95％の種の個体群の存続を保証する濃度は 0.138 mg/L である．これを HC5 にならって PHC5（population-level hazardous concentration of 5% of species）と呼ぶ（Kamo & Naito 印刷中）．

個体群の存続が環境保全のエンドポイントならば，慢性毒性値の無影響濃度（HC5）ではなく，このような個体群存続の閾値濃度（PHC5）に基づいて環境基準を決めることができるだろう．両者の濃度は HC5 が 0.016 mg/L に対して PHC5 が 0.107 mg/L と 1 桁かけ離れている．

もともと，個体に対する無影響濃度を目標とするのは，たとえば対象生物

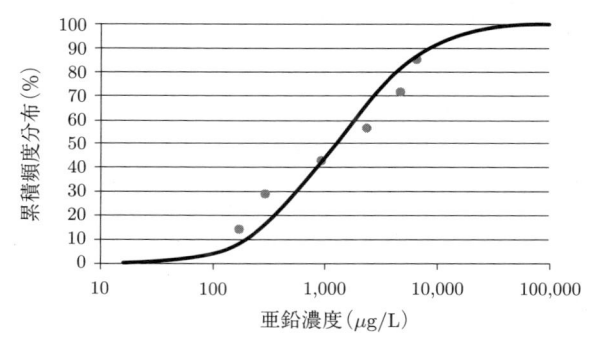

図 5.2 個体群の存続についての亜鉛の閾値濃度の種の感受性分布．6 種の推定値から累積対数正規確率で回帰したもの．（Kamo & Naito 印刷中）

の大半を漁獲することがある漁業や，有限の生息地を消失させる土地開発のような負荷に比べて，厳しすぎるともいえる．巻貝類などの雌を雄化するトリブチルスズ（TBT）など毒性が高く，実際に野外でほとんどの雌が不妊化していた例などがある化学物質の影響は深刻であり，人工化学物質であるために人為的排出をやめれば野外になくなり，かつ代替物質が開発できるものはまだよいが，亜鉛のようにもともと自然界に存在していた元素で，適量ならば生物に必須のものに対して，個体に対する影響のない水準まで厳しくする必要があるかどうかは，異論もある．

河川などの水質の環境基準値は目標値であり，排出源である事業者に課せられるのは排出基準である．休廃止鉱山の下流で底生生物群集を回復させるには，亜鉛だけでなく，他の重金属も含めて抜本的な排出規制が必要であろう．もともと，現在の環境基準は，個体群レベルの影響を直接評価したものではない．環境基準は満たしていないが，前記の PHC5 より低い濃度の地点では，はたして現在の生態系が大きく損なわれているか疑問である．

表 5.1 に示した環境基準値は，イワナ・サケマス域とコイ・フナ域のそれぞれについて，産卵場とそれ以外という区別はあるものの，地域の実態に即した基準ではない．また，罰則規定を伴う排出基準は全国一律である．苦労してその基準を達成しても自然を回復できないところもあれば，規制を厳しくする以前から底生生物群集の種組成が特に損なわれていない場所もある．よ

り地域の実態に合わせて，順応的な環境基準とそれを達成する地域独自の実行計画を作ることができるような制度も，検討すべきであろう．

個体レベルの生態リスク評価以上に，個体群レベルの生態リスク評価を正確に行うのは難しい．化学物質の規制は予防原則に基づいて行われている．しかし，化学物質の規制についても，後で説明する順応的管理の手法を取り入れることも考えられる．すなわち，いっせいにさまざまな地域で規制をするのではなく，対策をとりやすい地点から始めて，環境中の濃度を操作して実際に生態系の回復状況を監視し，規制の効果を検証することができる．効果がなければ予防的な規制そのものを改め，効果があれば規制対象地域を拡大すればよい．どの場所から始めるか，効果をどのように野外で検証するかという問題は残るが，第1章で述べたように，予防原則で規制したものは事後検証にかける姿勢が重要である．

5.3 大量の化学物質の環境リスクを評価する

化学物質のリスクは，上記のように室内動物実験により評価される．しかし，調べる化学物質は無数にあり，すべてについて詳細な動物実験を行うことは不可能である．また，対象となる生物種も多く，すべての生物への影響を調べることも不可能である．

類似した物質の影響から，未調査の物質のリスクを推定する方法がある．これを定量的構造活性相関（QSAR: quantitative structure-activity relationship）という．これは一般に化学物質の構造と生物学的な活性との関係を定量的に予測するもので，ここでは毒性を化合物の疎水性，幾何学的構造，分子軌道エネルギー，置換基の性質などから，構造的に類似する一連の物質に関してこれら数量と活性との関係を統計学的に検討する．

そのために，化学物質を文献調査，QSARによる解析などで毒性を予備的に評価する．この「スクリーニング（洗い出し）」作業を初期リスク評価という．その結果，危険性の優先度に応じて詳細に評価すべき物質を選び，詳細リスク評価という作業が行われている．このような作業を通じて，専門家が研究した対象は厳しく規制され，調査されなかった物質は規制されないとい

う「不公平」を避けることができる．

　人の健康リスクを評価するには，このような対応でもよいが，野生生物への生態リスクを評価する場合には，1つの物質に対して，多くの生物種への影響を評価する必要がある．そのため，QSARが化学物質間で毒性評価の外挿を行ったように，今まで評価した種への影響から，調べていない種への影響を予測する種間外挿が必要になる．以下では，その方法の案を紹介する．

5.4 化学物質の野生生物への生態リスクを評価する

　化学物質が魚類など水生生物に与える影響は，室内飼育実験により生存率，繁殖率，そのほか成長や行動などに異常が認められる濃度を推定して求められる．

　以下では，化学物質の曝露によって個体群の内的自然増加率 r（第9章で説明する）の減少率 Δr をリスク評価の指標として用いる．式 (5.3) のようにレスリー行列から個体群増加率 λ を求め，λ が1（あるいはその対数 $r = \log \lambda$ が0）になる条件を求めないのは，特に初期生存率について不確実性と環境条件などによる年変動が大きいからである．λ が大きいと毒性影響が強くても個体群は存続できる結果になるが，実際には生存率や繁殖率の過大評価が原因かもしれない．後述のように野生生物の自然増加率には密度依存性があり，無限に増加することなく放置してもある水準で飽和する．逆に，今より個体数が少なくなれば増加率が上がる補償作用が働くと考えられる．これを密度効果という．より確実なのは，現実に個体群が存続していること，多少の r の減少は密度効果によって補償されると期待できるが，過度の r の減少は生物自身の回復力を超えた不可逆的な影響になると懸念されることである．したがって，r の変化 Δr を個体群への影響の指標として用いることが考えられる．

　個体群増加率 λ の計算に必要な生活史係数は，繁殖率，成熟齢，加入後の生存率，最大年齢である．魚類の成長は一般的にフォン・ベルタランフィーの成長曲線（von Bertalanffy growth curve）で近似され，成長速度係数 k と極限体長 L_∞（cm）で特徴づけられる．

$$L(t) = L_\infty \{1 - \exp[-k(t - t_0)]\} \tag{5.7}$$

ただし，t_0 は理論的な値で体長が 0 となる（しばしば負の）年齢である．成長速度係数 k が大きいほど極限体長に到達する時間が短い．魚類は，統計的に成長速度 k の値が大きいほど自然死亡係数（M）は大きく，極限体長（L_∞）が小さい傾向にある．

近縁種でも，短命な生物と長寿の生物では，化学物質から受ける影響も異なるだろう．たとえば，式 (5.2) のような産卵数への影響が同じでも，成熟年齢が異なれば個体群の存続可能性への影響が異なる．その生活史係数はすべての生物で調べられているわけではない．そのため，既知の生活史係数間の関係式を用い，生活史係数を外挿する．比較的得やすい体長の情報から他の生活史係数を推定する方法を提案する．

これらの関係から，体長に関する情報（初回成熟時の体長，最大体長，または極限体長のいずれか 1 つ）が得られれば，以下の式に従って個体群増加率 r を計算することができる．齢別の体長データから成長速度係数 k が推定できる場合には，自然死亡率 M と繁殖率 F の外挿を行う．

成長曲線 (5.7) の t_0 は経験式として次式が得られている（Pauly 1980）：

$$\log(-t_0) = -0.3922 - 0.2752 \log L_\infty + 1.038 \log k \tag{5.8}$$

また L_∞ と観測された最大の体長 L_{max} について，既往のデータがある種については以下の相関関係があるとされる（Froese & Binohlan 2000）：

$$L_\infty = 1.106 * L_{max}^{0.9841} \quad \text{または} \quad \log L_\infty = 0.0438 + 0.9841 \log L_{max} \tag{5.9}$$

この両自然対数グラフの決定係数 $R^2 = 0.77$，標本数 $n = 551$ である．

また極限体長が大きいほど成熟時の体長は大きい傾向があり，成熟時の平均体長 L_m は次式で与えられる（Froese & Binohlan 2000）：

$$L_m = L_\infty^{0.878}/1.091 \tag{5.10}$$

（両対数グラフの $R^2 = 0.875, n = 647$）．この式と成長曲線 (5.7) から，成熟年齢 t_m が推定できる．

$$t_m = t_0 - \frac{1}{k} \log\left(1 - \frac{L_m}{L_\infty}\right) \qquad (5.11)$$

t_m は一般に小数になるが，$t_m = 2.4$ の場合，1・2 歳の成熟率を 0，3 歳以降の成熟率を 1 とする．

Roff (1992) は魚類 16 科のデータを用い，成長速度係数 k と極限体長 L_∞ について，以下の関係式を導いた．

$$L_\infty = 19.55 k^{-0.644} \qquad (5.12)$$

相関係数 $R = -0.71$，標本数 $n = 260$ である．

極限体長 L_∞ に達するには無限の年齢が必要であるが，L_∞ の 95%に達する年齢を最大寿命 t_{max} とみなす．式 (5.9) より

$$t_{max} \approx t_0 + \frac{3}{k} \qquad (5.13)$$

と近似される．t_{max} は生物が到達できる最大齢，あるいは個体群からほぼ観測されなくなる齢である．逆に，t_{max} を実測値から推定すれば，そこから t_0 または k を推定できる．

自然死亡係数 M は個体群動態を把握するために必要だが，直接観測値を得ることは難しい．標識再捕などの方法があるが，実際に推定されている魚種は少ない．そこで，自然死亡係数 M を漁獲データや他の生活史係数から推定する．自然死亡率 M と生活史係数の関係式は表 5.4 に示すように 4 通りある．なお年生存率は e^{-M}，年自然死亡率は $(1 - e^{-M})$ と表される．

繁殖率は体長または体重に比例すると考えられ，アロメトリー式（べき乗関係 $y = ax^b$）で与える．指数 b と他の生活史係数との間には明瞭な関係がみられない．最も単純な想定では，相似関係から $b = 3$ と仮定する．

$$\text{繁殖率} = aL(t)^3 \qquad (5.14)$$

ただし a は正の定数である．これは種ごとに異なる．

成熟時の繁殖率 $F(L_m)$ は以下のように求められる．魚類の多くは，毎年一定の繁殖期間を持ち，期間内に何度か分けて産卵するが，1 年に生み出す

表 5.4　自然死亡係数と他の情報の関係式

1) フォン・ベルタランフィー成長曲線の係数と年平均水温 T を用いた近似式
 $\log M = -0.2107 - 0.0824 \log W_\infty + 0.6757 \log k + 0.4627 \log T$
2) 最大寿命 t_{max} を用いた近似式
 $M = 1.656 t_{max}^{0.95}$
3) 体重が既知の場合の t 齢の死亡率
 $M(t) = 1.92/w(t)^{0.25}$
4) 成長速度係数 k が既知の場合の近似式（Roff 1992）．FISHBASE データを用いて計算（$R = 0.76, n = 158, p < 0.001$）
 $M = 1.93 k^{1.044}$

（勝川ほか 2004 より）

卵数の総和を繁殖率とする．産卵期前における卵巣内の卵数を繁殖率と仮定した．淡水魚 25 種の成熟時体長と成熟時繁殖率（卵数）データより，成熟時繁殖率 $m(t_m)$ について，次のような関係が得られた．

$$m(t_m) = 964.24 \exp(0.0088 L_m) \tag{5.15}$$

ただし，$R = 0.712, n = 23$ である．これと式 (5.10) から a が得られる．

このような種間外挿に多くの誤差が含まれることはやむをえない．しかし，たとえばメダカへの影響だけを室内飼育実験などで調べて，より長寿の魚や多回繁殖の魚に適用するよりは，生活史を考慮した評価を行う方がより妥当だろう．

上記だけでは，レスリー行列を完成させることも，内的自然増加率 r を求めることもできない．たとえば，ブルーギルの最大体長を 14.5 cm としたとき，その生活史係数は表 5.5 のように推定される．これから，ブルーギルのレスリー行列は以下のように推定される．

$$\begin{pmatrix} N_1(t+1) \\ N_2(t+1) \\ N_3(t+1) \\ N_4(t+1) \end{pmatrix} = \begin{pmatrix} 0.438 a p_0 & 1.386 a p_0 & 2.237 a p_0 & 2.819 a p_0 \\ 0.354 & 0 & 0 & 0 \\ 0 & 0.354 & 0 & 0 \\ 0 & 0 & 0.354 & 0 \end{pmatrix} \begin{pmatrix} N_1(t) \\ N_2(t) \\ N_3(t) \\ N_4(t) \end{pmatrix} \tag{5.16}$$

ただし a は繁殖率の比例定数，p_0 は生まれてから 1 歳になるまでの初期生存

表 5.5 ブルーギルの L_∞ から外挿によって得られる生活史係数

L_{max} (cm)	L_∞	L_m	k (cm/年)	t_0 (年)	t_{max}	t_m	M (1/年)
14.50	14.52	10.09	0.83	−0.27	3.37	1.18	1.26

率である．a は式 (5.15) から推定できるが，いずれにしても初期生存率 p_0 を推定しなければ，内的自然増加率（前記レスリー行列の最大固有値 λ の対数）は推定できない．

しかし，水産学で用いる以下の概念を推定することは可能である．

$$SPR = \int_{t_t}^{t_\infty} \exp[-M(a) - F(a)]m(a)da \qquad (5.17)$$

ここで $M(a)$ と $F(a)$ はそれぞれ齢 a での自然死亡係数と漁獲死亡係数と呼ばれる．SPR は加入 1 尾あたりの産卵数（spawning per recruitment）と呼ばれる．これらが齢によらない定数のとき，e^{-M} は人為死亡がないときの 1 年あたりの生存率，e^{-M-F} は漁獲があるときの 1 年あたりの生存率を意味する．1 年あたりの死亡率は $(1-e^{-M-F})$ で，そのうち漁獲死亡と自然死亡の比は $F:M$ だから，年あたりの漁獲率 D は

$$D = \frac{F}{F+M}\left(1-e^{F+M}\right) \qquad (5.18)$$

と表すことができる．

式 (5.17) では齢別産卵数 $m(a)$ を用いているが，産卵数が不明の場合には親魚重量 $w(a)$ と成熟率の積で代用することがある．また，加入も 1 尾あたりではなく，体重あたりとすることがある．

産卵数 SPR は漁獲死亡が増えるほど減る．漁獲がない場合の SPR を $SPR_{F=0}$ と表し，漁獲があるときの SPR との比（百分率）を %SPR と表す．すなわち

$$\%SPR = \frac{\int_{t_t}^{t_\infty} \exp[-M(a)-F(a)]m(a)da}{\int_{t_t}^{t_\infty} \exp[-M(a)]m(a)da} \qquad (5.19)$$

この値が加入乱獲（第11章参照）の指標となる．通常，$\%SPR$ が30%以上にすべきといわれる．これは，野生生物の繁殖の機会を7割奪ってしまうことを意味する．野生生物資源が環境収容力に達していれば，人為死亡がなくても個体数はそれ以上増えないから，$\%SPR$ が1でも個体群は増えず，1より小さければ個体数は減る．けれども第4章で説明したように，野生生物の再生産関係には密度効果があり，個体数が減ると回復力が生じる．$\%SPR$ が30%程度であれば，持続的な資源利用が可能と期待される．

ただし，$\%SPR$ の許容値は魚種による．30%というのは，それ以下にしていた漁業が多かった時代の実現可能な目安であり，30%以上ならよいというものではない．マグロなどの大型捕食者では$\%SPR$は高く維持すべきであり，イワシなどの小型被食者では比較的低く維持してもよいだろう．また，小型被食者の資源量は自然変動が激しいことから，高水準期と低水準期，あるいは卓越年級群とそれ以外では分けて考えるべきであり，一律の$\%SPR$の値で漁業管理を行うことは有効ではない．

より合理的な管理を行うには，本書の主題であるリスク管理の視点が必要である．それが順応的管理である．$\%SPR$ や内的自然増加率の閾値を一律に定めることによって化学物質や漁業のリスクを管理するのではなく，直接，評価エンドポイントを継続監視し，その達成度によって負荷をより厳しく制限したり，緩めたりすればよい．その指標としては$\%SPR$などは利用できるが，その評価値には多くの誤差が含まれるものであり，継続監視によって適正な値を常に見直していくことが必要である．

演習問題

[12] 無影響濃度（NOEC）は調べる標本数を増やすとより正確にわかるのか？
[13] 個体群への影響だけでなく，個体への影響も避けるべきではないか？
[14] たとえば人の健康に及ぼす影響の場合，死に至らなくても障害が起こるならば避けるべきではないか？

chapter 6

リスクを避ける
外来魚とバラスト水

2005年6月から外来生物法が施行された．外来生物対策もリスク評価と密接に結びついている．しかし，この法律はリスク管理の取組みが不十分である．外来生物を防除するには，移入経路を絶つことと，繁殖を妨げることが重要である．これはすべての外来生物に成り立つが，特定外来生物以外への対策が不十分である．ブラックバスも，利害関係者の合意があれば，防除は十分可能である[*1]．

6.1 外来生物問題

　本書でリスクの科学を論じる場合，ブラックバス（オオクチバスとコクチバス）に代表される外来生物（alien species）の問題を避けて通ることはできない．2005年6月から施行された「特定外来生物による生態系等に係る被害の防止に関する法律」（以下，『外来生物法』）もまた，リスク評価を視野に入れるべきものである．なぜなら，外来生物が侵入，定着して生態系に被害を及ぼす影響はゼロにはできないからである（日本生態学会編 2002）．
　表6.1は，琵琶湖の近くの湖で定置網により採取された魚類などの種組成である．ほとんどが外来種で占められていることがわかる．琵琶湖ではニゴロブナなどの固有種がいて，特産であるフナ寿司の材料として利用されていた．このニゴロブナやフナが激減したこともあり，オオクチバス対策に本腰

[*1] 本章は安江尚孝，森山彰久，加藤団との共同執筆原稿に基づいている．

表 6.1 滋賀県西の湖での小型定置網で採集された種組成の重量比

外来種	ブルーギル	63.00%
	オオクチバス	13.00%
	アメリカザリガニ	10.00%
	カムルチー	9.00%
在来種	オイカワ	2.20%
	テナガエビ	1.40%
	ウナギ	0.75%
	スジエビ	0.30%
	ゲンゴウロウブナ	0.25%
	ニゴロブナ	0.05%
	その他	0.05%

(「琵琶湖および河川の魚類等の生息状況調査報告書」滋賀県水産試験場,1996 年 3 月より)

を入れることになった.

　魚類に限らず,ジャワマングースやアライグマなどの哺乳類,カミツキガメやグリーンアノールなどの爬虫類,ウシガエルなどの両生類,ペットショップで売られている外来のクワガタムシ類などの昆虫類,アメリカザリガニやムラサキイガイなどのその他の無脊椎動物,のり面緑化に用いられる牧草のシナダレスズメガヤや,第 2 次大戦後に侵入したと考えられる北米原産のセイタカアワダチソウなどの植物は,日本の在来生態系を大きく損なっている.

　人の往来とともに,在来生態系への外来生物の侵入の頻度と規模が増し,在来の生態系などに多大の影響を及ぼしているために,外来生物法によって対策を講じることになった.だが,これらすべてが特定外来生物に指定されたわけではない.

　外来生物法の目的は,特定外来生物(用語の意味は表 6.2 参照)による生態系等(生態系,人の生命・健康,農林水産業をさす)にかかわる被害を防止することにより,これら 3 者の健全な発展に寄与することにある(第 1 条).また,政令で特定外来生物に定めるには至らなかったが,それに準じるものを未判定外来生物として省令で定める.たとえば,特定外来クモ類は人体への危害を根拠に指定されている.

　さらにこれ以外に,法律に書かれていないものの,要注意外来生物という

表 6.2 外来生物法にかかわる用語とその意味

用語	外来生物法における定義	備考
外来生物	海外からわが国に導入された生物（外来生物）の生きた個体（卵，種子などを含む）およびその器官のことと定義している（第2条）	一般には国内の別の場所から導入されたものも含まれる
侵略的外来生物	地域の自然環境に大きな影響を与え，生物多様性を脅かすもの	基本方針で言及されている
特定外来生物	外来生物のうち，生態系等に被害を及ぼすかその恐れがあるものとして政令で定めるもの（第2条）	外来生物法において防除などの対象となる
未判定外来生物	特定外来生物に該当する被害を及ぼす「恐れがあるものである疑いのある」生物で省令で定める生物のこと（21–24条）	特定外来生物に将来指定される候補である
要注意外来生物	中央環境審議会外来生物対策小委員会 岩槻委員長談話に基づき，「特定外来生物には指定されていないものの生態系等に被害を及ぼす懸念がある」生物のこと	特定外来生物に将来指定される候補である
種類名証明書添付生物	環境省の諮問機関である特定外来生物等専門家会合において検討されたもので，輸入規制に際し，税関において特定外来生物または未判定外来生物に該当しないことを外見から容易に判別することができない生物．輸入するときには種名を証明する文書が必要．	
生態系等	生態系，人の生命・身体，農林水産業（への被害）	
飼養等	飼養，栽培，保管または運搬をあわせた概念	外来生物の導入経路
防除	捕獲等（捕獲，採取または殺処分）および被害防止措置の実施など，ある区域からの完全排除，影響の封じ込めや低減などの目標を達成する行為	
政令	閣議（通常は全会一致）で決めた政府の命令	
省令	法律に基づき，各省の大臣が，法律や政令を施行するための命令	
生態系アプローチ	陸域，海域，生物資源の保全と持続可能な利用を等しく促す包括的に管理する戦略である．その適用は生物多様性条約の3つの目的である保全，持続可能な利用，公正で平等な遺伝資源の利用から得られる利益の共有の釣り合いに資するものである	生物多様性条約で定義された

（つづく）

表 6.2 外来生物法にかかわる用語とその意味（つづき）

用語	外来生物法における定義	備考
条例	地方公共団体（都道府県市町村）の議会が制定した規則．罰則も定められる．	
バラスト水	貨物船の重量調整のために，空荷のときに積む水のこと．プランクトンやさまざまな動物の幼生を含み，非意図的導入を起こしうる．	

概念が設けられ，種名一覧が作られている．これらは生態系等に被害を及ぼす懸念があるものの，①広範に広まっていて効果的に防除できないか，②被害にかかわる科学的知見が不十分なために，特定外来生物に指定されなかったものとされている．

外来生物は，生態学的には海外から導入されたものだけでなく，関西から関東に導入されたメダカや，沖縄から本州に持ち込まれるミバエなども含まれるが，この法律では扱っていない．また，外来生物一般を防除するのでなく，目的を政令で定めた特定外来生物などを防除することに絞った法律といえるだろう．

6.2 海域におけるバラスト水問題

後に述べるブラックバスは，人が意図して持ち込んだ外来生物の典型であるが，非意図的に導入されると考えられるのが，バラスト水による沿岸性の外来生物である．20世紀に海外貿易が発達するとともに，外来の微生物と細菌が船舶によって非意図的に導入され，世界各地で赤潮など生態系破壊などの深刻な問題を引き起した（図6.1）．船舶は船体の安定のために海水を船体の専用タンクに封入し航行している．これがバラスト水である．このバラスト水への混入と船底への付着が，微生物や細菌の非意図的導入の主要因と考えられる．

2004年2月13日に海洋環境保護委員会（MEPC）において船舶バラスト水中に含まれる動植物の排出低減を目的とした「バラスト水管理のための国際条約（以降，バラスト水管理条約）」が採択された（松田・加藤 2007）．この条

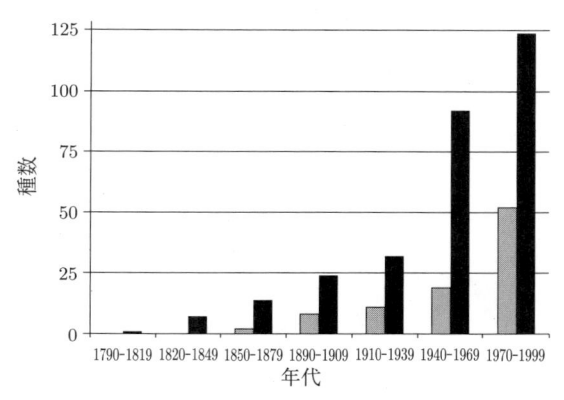

図 6.1 海洋の欧州沿岸で報告された侵入海洋植物（■）と北米で報告された海洋植物と無脊椎動物（■）の新入手の数の年次変化（ミレニアム生態系評価 2005 より改変）

表 6.3 海洋環境保護委員会（MEPC）「バラスト水管理のための国際条約」が定めたバラスト水交換海域

(1)	原　則	陸岸から 200 海里以上離れ水深 200 m 以上の海域
(2)	(1) の海域で交換不可能な場合	陸岸から 50 海里以上離れ水深 200 m 以上の海域
(3)	(1), (2) の海域で交換不可能な場合	寄港国が定めた交換海域

船舶は，(1), (2) の海域でバラスト水交換を行う場合，予定の航路からの離脱，迂回をする必要はない．（松田・加藤 2007 を参照）

約では，船舶のバラスト水および沈殿物を通じ，有害な水生生物などの移動により生じる生態系への影響を最小化し，船舶がバラスト水交換を行う場合には表 6.3 の海域で交換を行い，船舶がバラスト水を排出する場合には，含まれる水生生物の量を基準値（表 6.4）以下とすることなどが定められた．しかし，特に短期間の航海の場合，海象・気象条件によっては表 6.3 に満たすバラスト水交換が事実上不可能な場合がある．したがって，各船舶は表 6.4 に定める基準を満たすために必要な装置を備えなければならず，技術的にも費用の面でも多くの困難を伴うことが予想される．

　加藤・松田（未発表）は，香港および北米から日本に航行したコンテナ運搬船

表 6.4 MEPC「バラスト水管理のための国際条約」が定めた装置による処理を行った場合の排出基準

対象水生生物	排出基準	備考
50 μm 以上の水生生物（主に動物性プランクトン）	10 個体/1 m^3 以下	外洋の海水に含まれる水生生物よりさらに少ない基準
10～50 μm の水生生物（主に動物性プランクトン）	10 個体/1 mL 以下	
病原性コレラ	1 cfu/100 mL 以下	日本の海水浴場の基準よりやや厳しい基準
大腸菌	250 cfu/100 mL 以下	
腸球菌	100 cfu/100 mL 以下	

cfu：寒天培地を用いてその平板上に検水を塗布し形成される群体数.（加藤・松田 未発表を参照）

よりバラスト水試料を採取し，混入した海洋微生物の排出基準値への適合可能性を評価した．その結果，漲水前に洋上でバラスト水の総入れ替えを行った試料に関しては，排水中の微生物個体数が極めて低かった．また，排水中の微生物量を左右する要因は残渣に潜んでいる個体数であると考えられ，残渣を調査することでバラスト水による外来種侵入の詳細が明らかになると期待される．

洋上交換（バラスト水の外洋航行中の交換）は外来種問題への有効な対策の1つであり，多くの船舶で実施されている．しかし，外洋航行中のバラスト水交換は海象・気象状況によっては危険を伴う．このため，バラスト排水前に水中の海洋微生物を処理する方法として，物理的処理（熱，超音波，紫外線，銀イオン，電気など），機械的処理（メッシュによる濾過など），化学的処理（オゾン，酸素除去，塩素など）など，さまざまな技術の研究開発が進められているが，現時点ではどれも実用化していない（長崎 2004）．

バラストタンク内は微生物が潜伏するのに適した構造をした部分が多く，微生物はタンク内残渣に潜伏し長期間の航海を経ても船外に生きて排出されることがある（Smith 1999）．松田・加藤（2007）によると，体長 10～50 μm の微生物に関しては国際条約に定められた基準値の達成は困難ではない．しかし，体長 50 μm 以上の微生物は，基準予定値の数百倍以上存在しており，処理技術の開発と実用化が必要である．

いずれにしても，バラスト水からの微生物侵入リスクをゼロにはできない．これは他の外来種でもいえるが，侵入経路を断つのが最も重要な対策だが，それは完全ではない．また，いったん侵入しても，それが定着する前に拡大を防ぐ作業も重要である．これについては，第 7 章でジャワマングースを例にして，再び取り上げる．

6.3 外来種侵入対策の費用対効果

したがって，費用対効果の高い方法を多用し，リスクをゼロに近づけることが有効である．その総費用 $D(E)$ は，侵入防止策の努力 E，その費用 cE，その場合の侵入リスク $p(e)$，侵入した後の損失 z により，以下のように表されるだろう．

$$D(E) = -cE - p(E)z \qquad (6.1)$$

$p(E)$ の関数形は不明だが，S 字型の単調増加関数とおけるかもしれない．その場合 $p' = -c/z$ となる最適努力量が存在するはずである．ここで注意すべきは，たとえば 2 つの対策の費用の比較ではなく，侵入を許した場合の損失を含めて評価すべき点である．上記の関数形の場合，p/E という意味での費用対効果（単位努力量あたりの侵入リスク）で考えれば，努力量は低いほどよい．$p' > 0$ だから，$d(p/E)/dE = (p'E - p)/E^2 < 0$ である．

図 6.2 に模式的な架空の例を示す．費用の単位は仮に年あたり 1 万ドルとする．この場合の最適努力量は $e = 13.2$ であり，侵入防止にかけた総期待費用は 17.5 万ドル，侵入リスクは 4.3×10^{-6} である．すなわち，100 万分の 4 の確率で年 100 万ドルの損失があり，それを防ぐために年 13 万ドルの侵入防止対策を行う状態である．この侵入防止対策費用は，たとえば家電製品の不良品検査にかける費用よりはかなり高いだろうが，それは侵入を許した場合の損失と，単に努力あたりの侵入リスクの低減効果による．

実際に侵入リスクや侵入した場合の損失（生態系が被る損失と，侵入後の対策費用を含む）を図ることは難しい．しかし，それぞれに桁違いの誤差がなければ，全く対策をたてないことに比べて総期待費用が低くなる努力量の

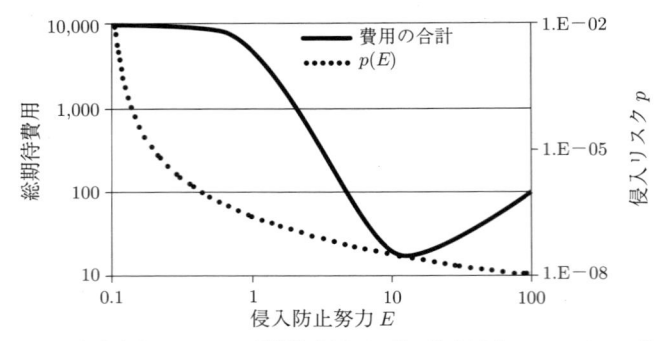

図 6.2 侵入防止努力と侵入リスク，総期待費用の関係の模式図（$p = 0.01[1-E^3/(1+E^3)]$, $z = 1{,}000{,}000$, $c = 1$ としたときの例）

範囲はかなり広い．したがって，$p(E), c, z$ の推定がかなり粗くても，侵入防止努力を行うことは，放置することに比べて合理的であるといえるだろう．

バラスト水の場合，まず洋上交換を推奨し，海象気象条件によっては交換を免除する指針を設けるという選択肢も検討しうるだろう．この場合は海象により洋上交換をしないバラスト水が海外から持ち込まれる．しかし，p/E の意味での費用対効果は高いだろう．さらにそれ以上の対策が合理的かどうかは，上記のような考察が必要である．

外来種の場合は，本来は，移入リスクを徹底してゼロにするのが鉄則である．いったん移入定着した外来種を根絶するのは膨大な労力が必要であり，新たな侵入種を水際で阻む方が確実であり，経済的である．上記のバラスト水管理条約もリスクゼロを目指しているようにみえるが，技術的に未熟であり，かつ，膨大な費用がかかる．実施できるならば防いだ方がよいが，作った条約が実行されなければ，結局は生態系を守ることはできない．重要なことは，ほぼ実行できる規則を作り，確実に実行させることである．

そのほかに，船底などにフジツボなどが付着することでも外来種問題が生じる．付着生物は船の燃費にも影響するため，これを除去するための船底塗料にトリブチルスズ（TBT）が使われた．これは生物の付着を防ぐ意味では効果的だったが，沿岸の新腹足類を雄化させるなど強い内分泌撹乱作用があり，1980 年頃から規制され始めた．この場合には外来種の侵入を防ぐことよ

りも，在来種に与える影響があまりにも甚大であり，後者の対策が優先されたと解釈できる．

6.4 侵入経路を絶て

では，外来生物の侵入と定着を防ぐにはどうすればよいか．2004年10月の基本方針に照らして説明する．まず，発生源を絶つことが重要である．すなわち，野外への遺棄や逸出を防ぐことが重要であり，特定外来生物の飼養等および輸入を禁止する（第6-9条）．未判定外来生物についても，輸入したい者は届け出て，6カ月以内に判定が出るまで輸入を制限される（第21-22条）．

外来生物には，毒蛇であるハブの対策と称して日本に導入されたジャワマングース，観賞用として導入されたミズヒマワリ，密放流されていたらしい外来魚，栽培目的の貝，栽培植物やペットなど，意図的に国内に導入された生物と，輸入飼料に混在する雑草の種子，船舶のバラスト水や船底に付着した生物，主に国内の地域間の問題だが放流する水産資源に混入した他の生物など，非意図的に導入された生物がある．小笠原で数を増やしたグリーンアノールのように，観賞用として意図的に持ち込まれたか貨物船に紛れ込んで非意図的に入ったかが特定できない生物もある．

特定外来生物に対しては，ある区域からの完全排除，影響の封じ込めや低減などの目標を定め，計画的に防除する．未定着の外来生物に対しては，その生態系等への被害の発生を防ぐことより，まず定着を阻むことを目指す．その方が，目標と評価基準がより明確になる．また，これらの目標は地域独自にきめ細かく定めるべき場合がある．たとえば，ある地域で定着しても，他の地域では可能な限り侵入と定着を防ぐことが重要である．

侵入を可能な限り防ぐために，特定外来生物については，飼養等についての包括的な禁止が課せられている．けれども，その他の外来生物についてはそれがない．飼育生物を原則として野生に放たないというのは，外来生物に限らず，すべての野生生物の原則である．

外来生物法の基本方針によると，被害地域が広がる恐れ，防除が長期間にわたる可能性が高い場合には，適宜防除の効果を評価し，必要に応じ区域の

変更や期間の延長などを行うという．基本方針には「リスク」という言葉は用いられていないが，基本方針の基礎となる生物多様性条約第6回締約国会議決議（2002年4月）では，リスク概念が多用されている．この決議には第1章で説明した予防的取組み，早期撲滅，封じ込め，長期的防除という3段階の取組み，生態系アプローチ，国の役割を基本原則としている．その上で，科学的情報を用いた外来生物の導入による影響とその定着の可能性の評価，ならびに社会経済的・文化的な側面も考慮したこれらのリスクを低減もしくは管理する必要性を明記している．

日本生態学会では，2003年の総会決議において法の設立を要望する際に，取り締まる種の一覧（ネガティブリスト）を作るのではなく，一部の例外（ポジティブリスト）を除き，原則としてすべての外来生物の導入を禁止すべきだと主張し，現存する外来種に関しては，被害を与える影響の程度により対策の優先度を定めるべきだとした．これは，新規の外来生物が生態系等に及ぼす影響を極力排除しようという予防措置に基づくものといえる．

外来生物の場合は，新たに外来生物が導入されても，それがすでに定着した外来生物だけを利用する寄生者や天敵などでない限り，必ず後者を防除できるとはいえない．また，奄美大島に導入されたジャワマングースがアマミノクロウサギなどの固有種を減らしたように，結果として別の在来種に悪影響を及ぼす例は数多い．したがって，原則禁止するという予防原則は，外来生物の導入については別の種類のリスクの低減を阻んだり，新たなリスクを生み出したりするとはいえない．もちろん，これから外来生物を意図的に導入することによる新たな経済活動を阻むことで，経済活動は制限が加えられる．非意図的導入に関しても，バラスト水の生物混入基準のように，実現可能な範囲で効果的に侵入経路を断ち，導入リスクを減らすことが重要である．

それに比べて，実際の外来生物法は，予防原則が十分に適用されているとは言いがたい．生態系等への影響にかかわる科学的知見があり，効果的な防除対策が可能な外来生物のみを規制しているからである．

6.5 外来生物の繁殖を妨げよ

2003年に中央水産研究所 片野修らがとりまとめた『コクチバス駆除マニュアル』によると，ブラックバス（直接の研究対象はコクチバスだったが，オオクチバスにも援用できる）を防除する有効な手段として，産卵床を破壊することを勧めている．コクチバスは2年で成熟するが，雄が産卵床を作り，そこに雌が産卵する．この産卵床を壊せば，繁殖の機会を奪うことになる．最初は刺し網などで成魚を獲ることを検討したが，本栖湖のオオクチバスへの駆除努力を例にすれば，駆除事業による捕獲率は全成魚の多くても2割未満である．現在の4倍に網を増やしても，なおブラックバスの数を減らすことは難しいという試算結果も出ている．

産卵床にいる雄を駆除する効果を調べるために，個体群動態モデル

$$\begin{aligned} N_{t+1} &= SN_t(1-D_t) + R(N_{t-1} - kc_{t-1}) \\ n_{t+1} &= S(n_t - c_t)(1-d_t) + R(N_{t-1} - kc_{t-1}) \end{aligned} \quad (6.2)$$

を考える．ここで N_t と n_t はそれぞれブラックバスの雌と雄の個体数，c_t は産卵床における雄成魚駆除数，D_t と d_t はそれぞれ釣りによる雌と雄の成魚漁獲率（$=0.05$），R は再生産率（雌成魚1尾が毎年残す1歳魚の数 $=0.8$，性比 $1:1$），S は成魚生残率（$=0.8$，釣りによる死亡を除く），k は雄駆除の効果（$=1$）．産卵床を守る雄が駆除されたとき，雌 k 尾がその年に再生産に失敗すると仮定する．ただし，実際には雌は何度も産卵し，1尾の雄は複数の雌が産んだ卵を守っている．また，図6.3に示した計算機実験ではブラックバスの齢構成も考慮した（本書ウェブサイトにある Microsoft Excel ファイルを参照）．$C_t = DN_t, c_t = dn_t$ と仮定し，$(D,d)=(0.1,0.2)$ は雌と雄の駆除率を表す．釣りでは雄も漁獲されるが，産卵床を守る雄の駆除とは効果が異なる．個体数の増減は雌個体数と繁殖成功にかかわり，前者は雌捕獲，後者は産卵床を守る雄の除去によって抑制することができる．すべての生活史係数に10%〜50%の不確実性を考慮して，計算機実験を行った．その結果，①駆除の成否を左右する要因は，強い順に，成魚生残率，再生産率，雄駆除率，漁獲率であり，高い漁獲率が望めないならば，産卵床の雄駆除が重要である．

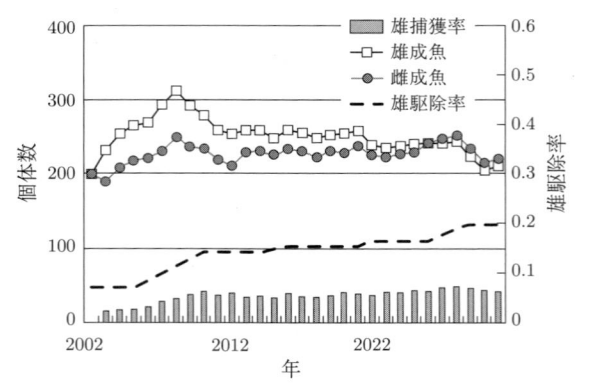

図 6.3 コクチバス駆除計画の将来予測についての計算機実験の一例

②前記の生活史係数で駆除に失敗する（30 年後に雌が 50 個体以下にできない，減らすことができない）リスクはそれぞれ 46％と 8％である．③ブラックバスが増え続ける場合は，減り続ける場合に比べて成魚：未成魚比が低いが，成魚の齢構成については顕著な差は検出されないことが示唆された．

また，常に最大限の駆除圧をかけ続けることが困難な場合，駆除効果を検証しつつ駆除圧などを調節する順応的管理が有効である．前記の数理モデルにおいて，雄の駆除圧 d を雌個体数 N_t のトレンドに応じて，

$$d_{t+1} = \mathrm{Min}[d_t \exp[u\mathrm{Max}(0, 3N_{t-1} + N_{t-2} - N_{t-3} - 3N_{t-4})], 0.5]$$

と調節する．$u\,(=0.005$ または $0)$ はフィードバックの強さを表す．図 6.3 のように，$u > 0$ とした順応的管理では，駆除を始めても個体数が増え続けるとき，雄駆除率 d を上げることによって駆除を成功させることができる．ただし，$d = 0.5$ を現実的な上限とした．上記の $u = 0$ に対応する駆除率一定管理と同じ平均値および不確実性を考慮した結果，30 年後に雌が 50 個体以下にできないリスク，減らすことができないリスクはそれぞれ 25％，0.2％であった．ただし雄駆除率 40％以上を必要とした試行（図 6.3）が 4％，駆除成功（産卵床数 10 以下になる）まで 20 年以上を要する試行が 25％以上であった．漁獲率を 0.1 から 0.2 にあげると，これらの効果に大きな改善がみられた．また，雄駆除圧を雄雌個体数に応じて行うと，駆除に成功しないリスク

表 6.5 漁獲率と雄駆除率を変えたときの 4 種類の駆除方策において 500 回計算機実験したときのリスク評価の試算値

駆除方策	漁獲率 D	0.1	0.1	0.2	0.3
	雄駆除率 d	0.1	可変	可変	可変
19 年以内に雌成魚数を 50 以下にできないリスク		30%	74%	5%	< 0.2%
今後も増え続けるリスク		8%	0%	0%	0%
d が 0.4 以上になるリスク		0%	4%	0%	0%

駆除方策の雄駆除率が可変とは，個体数を監視し，必要なら雄駆除率を引き上げる順応的管理を行うことを意味する（松田ほか 2003 より改変）．

は 3 割以上に増えた．産卵床の数は必ずしも雄の個体数および全個体数を反映しないと考えられることから，個体数の増減は刺し網の単位捕獲努力量あたりの捕獲量（CPUE: catch per unit effort）などで別に調査することが望ましい．齢構成については個体数の増減と顕著な相関関係はみられなかった．

それでも，いくつか方法がある．ブラックバスの場合，最も有効な手段は，釣り人が行っているキャッチ・アンド・リリース（釣った魚を放すこと）をやめ，キャッチ・アンド・イート（釣った魚を食べること）に変えることである．バス釣りの捕獲率は，多くの湖沼でかなり高率で，魚には釣った傷跡がいくつも付いている．ブラックバスをその場で放さなければ，その捕獲率は 70% どころか，9 割以上も可能かもしれない．それには，バス釣り愛好家の理解と協力が必要である．ただし，これはマニュアルには書かれていない．コクチバスはそれなりにうまいが，オオクチバスはどう調理してもまずいという人もいる．また，後で食べるとしても，特定外来生物であるブラックバスを生きたまま持ち帰ることは外来生物法違反になる．その場で絞めてから持ち帰らないといけない．

マニュアルが推奨する方法は，産卵床を壊すことである．これは新規加入を阻むため有効である．産卵床を作る水深などはある程度決まっていて動かないので，ブラックバスが減っても産卵床は発見しやすく，根絶間近まで駆除することも可能である．表 6.5 に，個体数を大幅に減らす可能性（それに失敗する可能性がリスク）を示す．個体数の不確実性が高いので，産卵床破壊率（産卵期の雄駆除率）がどの程度必要かは定かではない．このような場

合，雄個体数を毎年調べて効果を検証しつつ，効果不足なら努力量を増やすという「順応的管理」が有効だろう．はじめから努力量を増やせばよいが，予算は理由なくとることはできない．表 6.5 を見る限り，ある程度の刺し網による成魚の駆除と組み合わせて実施することが有効だろう．

また，ブラックバスの齢構成と性比を調べれば，新たな密放流が続いているかどうかもわかる．たとえば，1997 年～1999 年までの長野県野尻湖のコクチバスの性比は，極端に雌が多かった．野生のブラックバスの性比はおおむね雌雄同数であり，性比の偏りは，外から持ち込んだブラックバスの性比が偏っていた可能性がある．

演習問題

[15]　表 6.1 で生物種の比を重量比で表示していたが，これは普通のことなのか？
[16]　外来種を駆除したからといって，生態系は元に戻るのか？

chapter 7

リスクを払う
マングース防除計画

いったん定着した外来種を防除する場合，数を9割減らすことはある程度可能でも，残りの1割を獲り尽くすには膨大な費用と労力がかかるともいわれる．他方，根絶しなければ永久に駆除し続けなくてはならない．奄美大島に侵入したマングースなどを例に，「外来種防除の経済学」を紹介する．

7.1 不妊雄による外来種根絶

　第6章で，ブラックバスの駆除計画について説明した．努力すれば，途中まで減らすことは可能である．しかし，根絶しなければまた増えるかもしれない．外来種防除事業の難しいところは，定着したまま放置するか根絶しない限り，永久に防除事業を続けないといけないことである．

　根絶に成功した有名な例に，沖縄県のミバエがある．これはウリ類に寄生する農業害虫で，1919年に沖縄県小浜島に侵入が確認された．その後，本土復帰前の1970年に久米島への侵入が確認され，このために沖縄県のウリ類はミバエが侵入していない内地に「輸出」できなかった．そこで，伊藤嘉昭らが不妊雄の放虫事業を大々的に行った．放射線を当てて不妊にしたミバエの雄を工場で大量に生産し，野外に放った．その世代の雄個体数は放った分だけ増えてしまうが，不妊雄と交尾した雌は繁殖できないため，次世代の個体数が減る．1975年から始まった根絶事業によって，まず久米島で根絶したと判定され，1990年には沖縄全島での根絶が宣言された[*1]．

　後に述べる捕獲による外来種根絶と大きく異なる点であるが，不妊雄を放

つ場合は，外来種が減るほど効果が増す．理論的には以下のように説明できる．

t 年目の外来種の雄と雌の個体数をそれぞれ $N_f(t)$ と $N_m(t)$ とし，不妊雄の個体数を $N_s(t)$ とする．不妊雄がいないとき，外来種の個体群動態がたとえば以下のように表せるとする．

$$N_f(t+1) = N_f(t)\exp[r-a(N_f(t)+N_m(t))] \\ N_m(t+1) = N_f(t)\exp[r-a(N_f(t)+N_m(t))] \tag{7.1}$$

ただし r は内的自然増加率，a は密度効果の強さを表す．これはリッカー方程式と呼ばれる．雄も雌から生まれるため，第 2 式右辺の第 1 因子は $N_f(t)$ である．以下，雄と雌の個体数は常に等しいので，$N_m(t+1)$ の式を考えず，$N_m(t)$ に $N_f(t)$ を代入すればよい．

これに不妊雄を考慮すると以下のようになる．

$$N_f(t+1) = N_f(t)[N_m(t)/\{N_m(t)+N_s\}]\exp[r-a(N_f(t)+N_m(t)+N_s)] \\ N_m(t+1) = N_f(t)[N_m(t)/\{N_m(t)+N_s\}]\exp[r-a(N_f(t)+N_m(t)+N_s)] \tag{7.2}$$

不妊雄は工場で飼育されるため，ここでは毎年一定数 N_s ずつ生産されるとする．ここでは密度効果には放った不妊雄も加えて考えたが，生活史の初期段階の密度が効く場合には，最後の因子は $\exp[r-a(N_f(t)+N_m(t))]$ とすべきだろう．上記の式 (7.2) で，雌の個体数が翌年増える条件は

$$f(N_m) = [N_m/\{N_m+N_s\}]\exp[r-a(2N_m+N_s)] > 1 \tag{7.3}$$

である．ただし N_f は N_m に置き換えた．$f(N_m)$ の最大値は

$$f'(N_m) = [(N_s - 2aN_m(N_m+N_s))/(N_m+N_s)^2]\exp[r-a(2N_m+N_s)] \tag{7.4}$$

より $N_m = \sqrt{N_s^2/4 + N_s/2a} - N_s/2$ のとき，$f(N_m)$ は最大になる．N_s が十分大きければ常に $f(N_m) < 1$ であり，根絶が可能である．

不妊雄を毎年放す数 N_s が十分多ければ，外来種が定着した後でも根絶は

---

[1] http://www.urban.ne.jp/home/ngsek/urimibae_001.htm

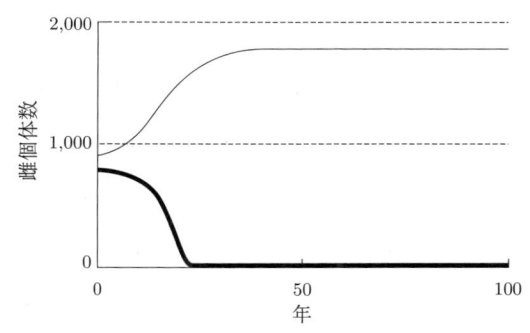

図 7.1 式 (7.2) で表される外来種に不妊雄を放つときの個体群動態の雌個体数変化．$r = 0.6$，$a = 0.0001$，$N_s = 400$ としたとき，N_f が 827 個体未満なら根絶できるが（太線），それ以上なら外来種は増え続けてしまう（細線）．

可能である．不妊雄を放す数がそれより少ない場合でも，まだ外来種が増えすぎないうちに対処すれば，根絶が可能である（図 7.1）．図 7.1 の場合には，N_s が 447 個体以上なら，不妊雄導入時の雌個体数 N_f にかかわらず根絶が可能である．N_s を 400 個体としても，N_f が 827 個体未満なら根絶できる．

図 7.1 を見ればわかるように，外来種の個体数が減るほど，外来種の減少率が高まり，一気に根絶に向かっている．不妊雄は人工飼育するので，野外個体数にかかわらず一定数の生産が可能であり，雌の交尾相手は野生外来種の雄が減るほど不妊雄になる比率が高くなり，雌が繁殖できなくなる．

根絶に成功したずっと後の 1997 年に筆者が沖縄県農業試験場を訪ねたときも，再度のミバエの侵入に備えて，不妊雄生産工場は閉鎖せず，小規模ながら不妊雄を生産し続けている．再び侵入しても，侵入当初は個体数が少ないはずだから，小規模の不妊雄でも定着を食い止めることができるだろう．

不妊雄による防除で最大の心配は，不妊雄と野生雄を区別する能力が雌に備わることである．上記では無作為に交配する任意交配を仮定しているが，何らかの雄の形質を手がかりに交配相手を選ぶことは考えられる．これを選択交配という．不妊雄を避ける能力が備われば，淘汰の上で大変有利になるので，このような能力が進化する可能性は無視できない．

7.2 外来種の防除

ミバエでは不妊雄を放して根絶に成功したが，多くの外来種では捕獲が最大の根絶手段である．現在，奄美大島と沖縄本島に侵入したジャワマングースを根絶しようと，環境省が防除事業に取り組んでいる．北海道では外来種のアライグマの防除事業に取り組んでいる．第6章で説明したブラックバス同様，大量に捕獲すれば個体数が減り，一定の防除効果が得られる．

しかし，根絶できるかどうかは別問題である．俗に，「外来種の9割捕まえるまでよりも，残り1割を獲る方が多大の労力を要する」などといわれることがある．不妊雄の場合と異なり，罠などでの捕獲効果は，個体数密度が減るほど獲りづらくなる．

数理モデルでは，以下のように表すことができる．

$$\begin{aligned}N(t+1) &= N(t)f(N(t)) - C(t)\\ C(t) &= [1 - e^{-qN(t)E(t)}]N(t) - C(t)\end{aligned} \quad (7.5)$$

ここで $N(t)$ と $C(t)$ はそれぞれ t 年の外来種個体数と捕獲数，$f(N(t))$ は1個体あたりの次代の数（マングースは成獣が生き延びて翌年も繁殖するが，ここでは簡単のために1年で繁殖して死ぬ外来生物を想定する），$q(N-C)$ と $E(t)$ はそれぞれ1罠あたりのある個体を捕獲する確率（捕獲効率，catchability という）と捕獲努力量（1年あたりの延べ設置罠数など）を表す．厳密には罠を数カ月設置すると，ある年の初期と終期で個体数が異なり，捕獲数は異なるが，ここでは単純に，捕獲数は捕獲効率，努力量，個体数により式 (7.5) のように表されると仮定する．$q(N(t))N(t)$ は単位捕獲努力量あたりの捕獲数（CPUE）と呼ばれ，個体数の指数として用いられる．

図 7.2 は以下のような関数形で，$q_0 = 1$ で θ が $-0.5, 0, 0.5$ のときの CPUE と個体数の関係である．A は生息地面積であり，N/A は個体数密度を表す．

$$q(N) = q_0(N/A)^\theta \quad (7.6)$$

ここで重要な要因は CPUE と捕獲努力量である．CPUE をさらに個体数または個体数密度で割った値が捕獲効率である．単純に CPUE を個体数密

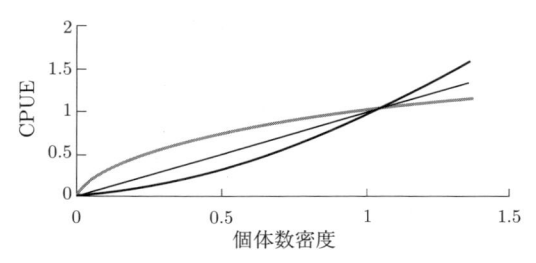

図 7.2 個体数密度と単位努力あたりの捕獲数（CPUE）の関係の模式図

度に比例する（すなわち捕獲効率を個体数密度によらず一定）と仮定することが多いが，その場合でも，不妊雄のように，個体数が少ないほど防除効果があがることはない．

図 7.2 に示したように，個体数が増えると増えた分以上に獲りやすくなる場合と，個体数が減ってもそれなりに獲り続けられる場合が考えられる．

CPUE が図 7.2 で上に凸（convex）のとき，すなわち式 (7.6) の θ が負のときは，個体数密度と CPUE の関係は，密度が 0 に近づくと CPUE は縦軸に接し，絶滅に近づいてもそれなりに捕獲し続けることができる．CPUE が個体数密度に比例するとき，すなわち θ が 0 であれば CPUE は個体数密度に比例する．CPUE が下に凸（concave）のとき，すなわち θ が正のときは，密度が下がると捕獲数が急激に下がってしまう．

実際に θ の符号については諸説ある．水産資源に対しては負（図 7.2 で上に凸）とみなし，漁業の乱獲が資源を枯渇に導く懸念が指摘される．ところが外来種においては正（下に凸）とみなし，根絶は困難と主張されることがある．外来種と水産資源で捕獲効率の密度依存性が反対になる根拠は特にない．ただし，これは想定する密度にもよるだろう．

3 つの可能性を説明する．①空間的に不均一に分布するとき，乱獲によって高密度地域が消滅すると，広域の低密度地域によってまだ十分資源が存在するにもかかわらず，CPUE が急激に低下することが指摘されている（松田 2006）．CPUE は局所的な密度との関係で決まると考えられる．日本のマグロはえ縄漁船の CPUE の激減がマグロ類の「9 割減少説」の根拠（Myers & Worm 2003）とされたときに，このような反論がなされている．このような

場合には，CPUEは全体の個体数がそれほど減らないうちに急減する（θが正）．②分布域自体が縮小しているときには，全体が減ってきても，それなりに高密度域で獲ることができれば，全体の個体数が減っていても，CPUEはそれほど減らない（θが負）．たとえば漁船が無作為に海を探索するのではなく，漁船同士で連絡を情報交換し，気象情報から魚のいそうな水温海域を探すなど効率的な漁業を行えば，CPUEはそれほど減らないだろう．③捕獲されやすい「油断した」個体と捕獲されにくい「慎重な」個体がいるときには，前者が捕獲されると後者ばかりが残るので，全体の個体数が減るよりも急激に，捕獲されやすい個体が激減してしまうだろう（米山ら1992）．この場合はθは負になる．マングースなどでは，捕獲されにくい個体のことをトラップ・シャイという．

乱獲を続けているときは②の状況がよく起こるかもしれないが，本当に根絶寸前には③の状況かもしれない．漁業にとっては長期間資源が回復しない状況でも漁業の絶滅が生じ，管理の失敗といえる．しかし，資源量がさらに多い場合には逆の指摘もある．資源が空間的に不均一に分布する場合には，水産資源でもθが正と指摘される．

図7.3は，2001年度に実施された北海道のアライグマ駆除事業における個体数密度とCPUEの関係を示している．わずかに上に凸（θが-0.0747）と推定されている．この場合の個体数は罠を仕掛けた後，除去法といって，罠によって捕獲した個体を逐次取り除き，その除去割合から生息数を推定する方法で数え上げたものである（森林野生動物研究会編1997）．

奄美大島のマングース防除事業では，2005年からマングースバスターズという非常勤職員を雇用して大量の罠を仕掛け，マングースを捕獲している．その罠数と捕獲数の年次変化を図7.4に示す．このように大幅にCPUEが減っているのがわかる．しかし，マングースは年42%程度の自然増加率と見込まれること，1978年に奄美大島に導入されてから20年以上経っていることなどを考えると，たとえば図7.4の中央の灰色線のように個体数が変化したと想像される．図7.4は

$$N(t+1) = N(t)e^r - C(t) \tag{7.7}$$

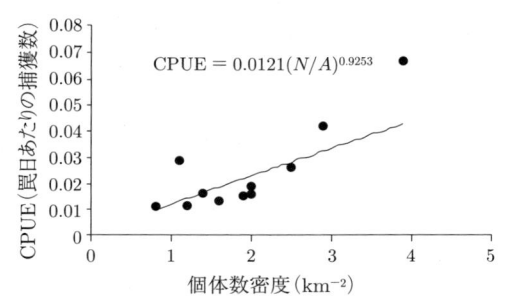

図 7.3 北海道のアライグマ駆除事業による，個体数と CPUE の関係（2001 年度野生化アライグマ捕獲業務報告書より）

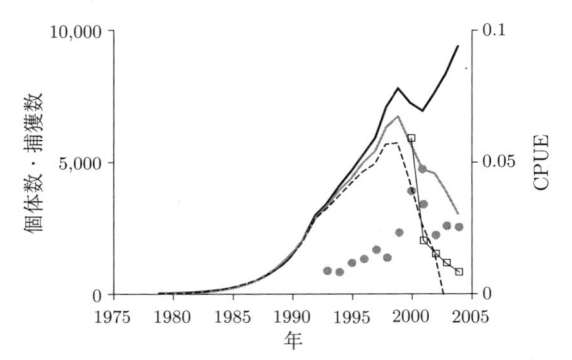

図 7.4 奄美大島のマングース防除事業における，捕獲数（●）と CPUE（□）の経年変化とそれを説明する個体数変化の想像図（折れ線で上から $e^r = 1.425, 1.4225, 1.42$）

という個体群動態を考え，$N(1976)$ を 30 個体とし，C_t は実際の捕獲数を入れて，自然増加率 e^r を 1.42 から 1.425 までさまざまに変えて試したものである．自然増加率がこれより高ければ個体数はなお増え続けているはずで，自然増加率がこれより少なければ，すでに絶滅している．密度効果を無視して r を長期にわたり一定と仮定すべきではないが，およその目安にはなるだろう．すなわち，個体数が減っていることは確かだろうが，CPUE ほど激減したとは即断できず，捕獲効率が下がった可能性がある．

このように，捕獲効率の密度依存性は，対象生物，捕獲手段，空間分布，問題とする個体数密度などによってさまざまである．θ が一定ではなく，個体

数密度と CPUE の関係が S 字型曲線を描く場合もあるだろう.

さて，防除事業には費用がかかる．無限に費用をかけることはできない．有限の費用でも，その費用がかさむなら，費用対効果の面でも防除事業のあり方を決める必要があるだろう．水産資源では，魚が存在し繁殖し続けることによって漁船創業の費用と持続的な収穫による利益が得られるため，第 11 章で説明するように，最適漁獲方針が資源経済学的に求められた．外来種の場合には，防除に費用がかかり，さらに外来種が存在し続けることによって在来種の減少，生態系の攪乱など生態系サービスの損失が生じると考えられる．しかし，利益でなく損失が生じるだけで，やはり資源経済学的観点から最適防除方針を求めることができるはずである．外来種の個体数変動に過程誤差を考慮して，式 (7.5) を拡張する．その上で外来種の存在と防除にかかる総費用（利益を Y とし負号をつけて表す）を以下のように表し，最適防除方針を考えることにする．

$$\begin{aligned} N(t+1) &= N(t)e^{r-aN(t)} - C(t) + \sigma_d \xi(t)\sqrt{N(t)} \\ C(t) &= [1 - e^{-qE(t)}]N(t) \\ Y(t) &= -cE(t) - D(N(t)), \quad Y^* = \sum e^{-\delta t} Y(t) \end{aligned} \quad (7.8)$$

ただし r と a はそれぞれ内的自然増加率と密度効果の強さ，σ_d と $\xi(t)$ はそれぞれ人口学的確率性の大きさと人口学的確率性を表す乱数（ここでは簡単のために一様乱数を用いる），c と $D(N)$ はそれぞれ単位努力あたりの防除費用と外来種が N 個体存在している場合の生態系サービスに与える損失，Y^* と δ はそれぞれ長期的損失の現在価値の総和（累積割引費用）と経済的割引率を表す．式 (7.1) の再生産曲線 $f(N)$ にはリッカー方程式の関数形を用いた．簡単のため，ここでは過程誤差として人口学的確率性のみを考慮し，r の年変動などの環境確率性を無視した．一般に σ_d は上記のように世代時間を 1 単位時間とする場合には 1 である（巌佐・箱山 1997）．水産資源や森林資源と異なり，捕獲数 C に応じた利益ではなく，対象生物が存在していることに負の価値があるとしている．ただし，森林資源に対しても，近年では林産物 C の価値だけでなく，森林として存在していることの生態系サービスの価値が考慮されている（Satake & Rudel 2007）．水産資源においても同様の理論が必

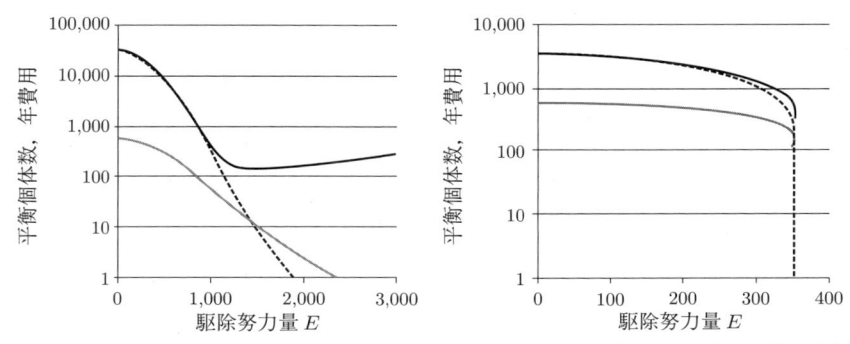

図 7.5 捕獲努力量と定常個体数（灰色線）および総費用（黒線）との関係．点線は総費用のうち生態系サービスの割合．捕獲効率の密度依存性 θ が 0.2 の場合（左）と -0.2 の場合（右）．左図では努力量が 1,430 で年費用が最小になり，右図では根絶が実現する 353 で最小になる．

要になることだろう．

人口学的確率性が無視できるとき，根絶が可能かどうかは捕獲効率の密度依存性 θ に左右される．θ が負のときは，捕獲努力量と定常個体数および累積割引費用の関係は図 7.5 のようになる．努力量が増えると定常個体数は減る．θ が正の場合，防除費用がかさんで累積割引費用が増えるために割に合わない．生態系サービスの損失は個体数が少ないほど減る．特に最後の 1 個体を捕獲するのに膨大な費用がかさむ．θ が負で 0 に近すぎない場合，努力量を十分増やして根絶させるのが最適になる（Kotani *et al.* 印刷中）．

残念ながら，根絶に近づくと，捕獲効率は下がる可能性が高い．個体数密度が低いときでも一定の捕獲効率を維持するには，無作為捕獲である罠などよりも，すでに絶滅した場所に無駄な努力をかけず，探索犬などを用いて外来生物が残っている場所に集中して罠を仕掛けるなどの工夫が必要である．

根絶に対して不可能と印象づける理論的根拠をいくつか述べてきたが，いくつか抜け道（希望）がある．1 つは，θ が負になるようないくつかの要因がある．これについては先に述べた．もう 1 つは，式 (7.5) の再生産曲線 $f(N)$ が個体数が低いときに下に凸（$f''(N) > 0$）となり，放置しても減り続け始める（$f(N) < 1$ となる）場合である．このように密度逆依存関係があることを，提唱者の名にちなんでアリー効果という．アリー効果がどの程度存在

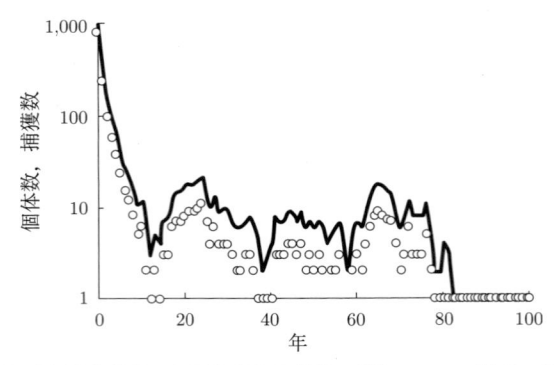

図 7.6 人口学的確率性を考慮した外来種防除効果の理論モデルの結果．個体数（太線）を20個体以下に維持していれば絶滅する機会は確率的に訪れる．○印は捕獲数．

するかはよくわからないが，外来種が侵入してきたときに低い個体数密度から増えたとすれば，侵入定着に成功した外来種についてはそれほど一般性のある要因とはいえないだろう．

　もう1つの可能性は，人口学的確率性の効果である．個体数を低く抑え，それ以下に減らすことが困難でも，人口学的確率性により，個体数は自然に減ることがある．個体数が50個体以上ならその確率は極めて低いが，それ以下ならば無視できず，20個体未満に長く維持していれば，やがて絶滅する可能性はかなり高い．図7.6は，架空の外来種個体群について，決定論モデルでは12個体に維持される場合に，人口学的確率性によって絶滅する様子を示したものである．ただし，いつ絶滅するかはわからず，数世代から百世代時間ほど低密度に外来種を抑えこみ続けなければならない．

　環境確率性を考慮すれば，捕獲努力量 E を毎年一定にするのが最適とはいえない．水産学の理論（松田2000）と同様，捕獲後個体数を一定に保つ方策が最適である．つまり，個体数が増えたときにはたくさん獲り，少ないときにはそれほどは獲れない．それに合わせて，努力量を毎年調整する方策が最適である．

　捕獲効率は個体数密度によるが，人口学的確率性は生息地全体の全個体数に依存する．比較的狭い面積で，個体数密度を下げたときに総個体数も数十個体未満に抑え込めるならば，人口学的確率性により根絶させることは採算

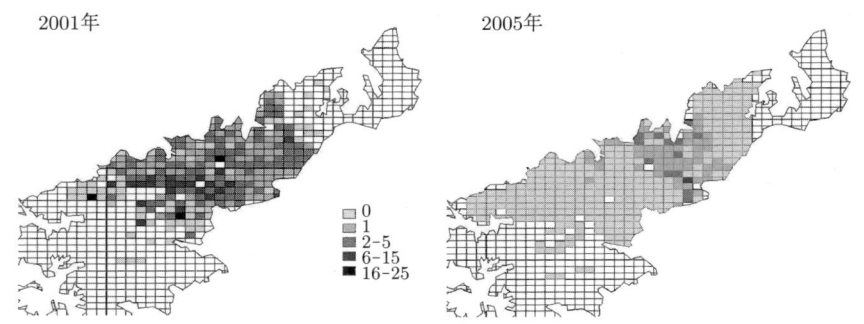

図 7.7 奄美大島のマングースの 2001 年と 2005 年の区画別 CPUE（1 日 100 罠あたりの捕獲数）（環境省那覇自然環境事務所提供，作図：石井宏昌氏）

に合うかもしれない．しかし，その場合はいつ絶滅するかは偶然に左右され，根絶するまでの間は予算をかけて強い捕獲努力をかけ続けないといけない．根絶事業がいつまで続くかわからないとすれば，その予算を維持することを，行政が納税者を納得させるのは難しいかもしれない．

　外来種を根絶するには，しばしば膨大な費用と労力を要する．しかし，根絶は不可逆事象だから，いったん根絶すれば楽になる．ずっと対策し続ける費用は経験から実感できるが，根絶に要する費用は予想をはるかに超えるかもしれない．

7.3　外来種の空間分布の推定

　外来生物の個体数密度の空間分布は，最初に放たれた場所から年とともに拡大していくと推定される．図 7.7 に奄美大島のマングースの区画別 CPUE の経年変化を示す．最初，1979 年に 30 個体のマングースが名瀬市（現 奄美市）内に放たれてから全島に分布を広げていったが，分布域は依然として広いものの，防除事業を始めてからは密度が減っている様子がうかがえる．

　個体の分散過程は，以下のような拡散方程式で記述される．

$$\frac{\partial n(x,y,t)}{\partial t} = D\frac{\partial^2 n(x,y,t)}{\partial x^2} + D\frac{\partial^2 n(x,y,t)}{\partial y^2} + n(x,y,t)[r - an(x,y,t)] \tag{7.9}$$

ただし $n(x,y,t)$ は位置 (x,y) 時刻 t における個体数密度，r と a はそれぞれ内的自然増加率と密度効果の強さ，D は拡散係数と呼ばれる正の定数である（重定 1992）．拡散係数は 1 個体あたりの移動確率を表す．密度の高い場所から低い場所に移動するのも，その逆も，1 個体あたりの移動確率は等しいが，個体数が多い分だけ，密度の高い場所から低い場所に移動が起きる．拡散方程式には初期条件 $n(x,y,0)$ と境界条件が必要である．種子を風散布させる植物の場合は，たとえば島の境界では密度が常に 0 であると仮定できる．これを吸収壁条件という．動物の場合には岸から海への移動はないと考えられるので，島の境界で $\partial n(x,y,t)/\partial x = \partial n(x,y,t)/\partial y = 0$ と仮定できる（境界が x 軸または y 軸に平行な場合を除く）．これを反射壁条件という．ただし，無限に広い空間を考えるなら，境界条件は要らない．しいていえば，$x = \infty$ または $y = \infty$ において $n(x,y,t) = \partial n/\partial x = \partial n/\partial y = 0$ である．

数学的な単純さのために，初期分布にはよくデルタ関数を仮定する．つまり

$$n(x,y,0) = N_0 \delta(x - x_0)\delta(y - y_0) \tag{7.10}$$

ただし N_0 と (x_0, y_0) はそれぞれ最初に放した個体数と放した地点である．デルタ関数とは 0 以外の点では 0 の値をとり，$\delta(0)$ だけ無限大だが，その積分が 1 であるような関数のことである．これは $x = 0$ で微分不可能であるため，超関数と呼ばれる．

ここで $a = r = 0$ のとき，すなわち増殖がなく移動だけのとき，この初期値から出発した個体群密度は

$$n(x,y,t) = \frac{N_0}{4\pi Dt} \exp\left[-\frac{(x+y)^2}{4Dt}\right] \tag{7.11}$$

と表される．つまり 2 次元の正規分布になる．当然ながら，時間がたつにつれて分布は広がり，分布中心（放出源）の個体数密度は徐々に下がり，全個体数は一定である．上記のデルタ関数は，正規分布で分散が 0 の極限とみなすことができる．もし，最初に複数の地点に放した場合も，それぞれの場所だけに放した解を上記のように求め，それを足し合わせればよい．

この分布の空間的な広がりは，正規分布の分散

$$\int_{-\infty}^{\infty} n(x,t)(x - x_m)^2 dx = 4Dt \tag{7.12}$$

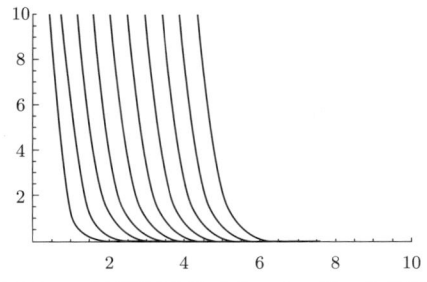

図 7.8 1 次元拡散方程式 (7.13) の解の先端部分

で評価できる．前記のように，拡散方程式で表される空間分布の分散は時間に比例し，標準偏差は時間の平方根に比例する．

次に簡単のために1次元空間で，$a = 0$ で $r > 0$ の場合を考える．つまり

$$\frac{\partial n(x,t)}{\partial t} = D\frac{\partial^2 n(x,t)}{\partial x^2} + rn(x,t) \tag{7.13}$$

で $n(x,0) = N_0\delta(0)$ という場合を考える．この解は

$$n(x,t) = \frac{N_0}{\sqrt{4\pi Dt}}\exp\left[rt - \frac{x^2}{4Dt}\right] \tag{7.14}$$

と表される．この解の特徴は，$n(x,t) = n(0, x - 2t\sqrt{Dr})$ という関係が成り立つことである．この分布の「先端」は図 7.8 のように一定の形が波のように進んでいる．これを進行波（traveling wave）といい，その速度は $2\sqrt{Dr}$ である．密度効果がある場合にも，分布の先端部では密度効果は無視できるので，やはり速度は $2\sqrt{Dr}$ の進行波が現れるが，解は解析的に（明示的な式では）得られていない．

この拡散方程式モデルは環境が空間的に均一と仮定しているが，r と D は環境条件に依存する場所によって異なる値をとるかもしれない．また，過密な場所ほど1個体あたりの移動確率が高くなるかもしれない．後者を密度依存拡散という．それは以下の式で表される．

$$\frac{\partial n(x,t)}{\partial t} = \frac{\partial}{\partial x}\left(D(n)\frac{\partial n(x,t)}{\partial x}\right) + rn(x,t) \tag{7.15}$$

密度は空間的に勾配があるため，拡散係数は一定ではなく，その勾配も考慮すべ

図 7.9 2005 年の神奈川県のアライグマの CPUE の空間分布（神奈川県資料）と個体数密度分布の推定値．濃い部分ほど高密度であることを表す．（石井宏昌ほか 未発表）

きである．そのため，拡散係数自体も偏微分の対象となる．図 7.9 左図に神奈川県のアライグマ捕獲数と捕獲努力量の空間分布を示す．通常，こうした格子状の点 (x_i, y_j) の捕獲数 C_{ij} と努力量 E_{ij} が得られたとき，CPUE(C_{ij}/E_{ij}) の密度図から等高線図を描く場合には連続関数で，$u(x_i, y_j) = (C_{ij}/E_{ij})$ に一致する関数 $u(x, y)$ を探し，その等高線図を描く．

各地点の CPUE に誤差がないとして，その中間を補完するのは必ずしも適切ではない．この場合，区画を細かく区切って各区画ごとの捕獲数が少なくなると，各区画の CPUE のばらつきが大きくなり，補完した空間分布はそのばらつきをすべて忠実に反映してしまう．

しかし，CPUE は個体数そのものではなく，個体数密度と捕獲努力量から生じる確率事象である．したがって，真の個体数密度 $n(x, y)$ と各地点の努力量 E_{ij} から捕獲される数を確率変数 X_{ij} とみなし，それが実際の捕獲数 C_{ij} になる確率は

$$\Pr[X_{ij} = C_{ij}] = \frac{u(x_i, y_j)^{C_{ij}}}{C_{ij}! e^{u(x_i, y_j)}} \tag{7.16}$$

と表される．ここで $u(x, y)$ を $e^{f(x,y)}$ とおき，$f(x, y)$ を 8 次式程度の多項式と仮定すると，図 7.9 右図のような空間分布の推定値が得られる．さらに，各区画の標高や森林面積率などの捕獲効率に影響すると思われる地理情報を考慮して補正すれば，より説得力ある個体数密度の空間分布が推定できるだろう．

反対に，$f(x, y)$ をその区画の地理情報だけから推定することも考えられる．

しかし，同じ地理特性を持っていても，外来種の個体数密度は拡大の途中であり，最初に放された地点からの距離にも依存するだろう．

本章では外来種対策の個体群生態学について説明した．無作為に捕獲努力を高めるだけでは根絶は容易ではない．比較的容易に低い水準に抑えることができるならば，永久に捕獲努力をかけ続けるという判断も成り立つ．根絶を目指すならば，不測の事態にぶれずに対処できる強力な指導力と信念を持ち，分布域を正確に知り，高密度地域を確実に叩き，本章では触れていないが分布の拡大を阻み，低密度でも有効に捕獲する技術を開発し，粘り強く絶滅する機会を待つことが重要だろう．

7.4 確率論的リスクとリスクの段階分け

リスクを扱うには，避けるべき事象を明確にする必要がある．これをリスクの科学では，評価エンドポイント（評価終点）という．たとえば人の死や，ヒグマの絶滅などを避けるべき事象に設定する．リスクの科学で扱うリスクとは，守るべき対象が曝される潜在的な危険を定量的に評価したものである．それはしばしば確率で表現される（確率論的リスクという）．同時に，いくつかの評価指標に閾値を設けて段階分け（ランキング）して表現されることもある．段階分けができれば，2つのリスクAとBがあるとき，その大きさが$A > B$, $A = B$（両者が同じランク），$A < B$のいずれかであると比べられる．このうち，等号がなければ，すべてのリスクの大きさが比べられる．いずれにしても3つのリスクが$A < B, B < C$のときには，必ず$A < C$が成り立つ．

たとえば，第8章で説明する絶滅危惧種（レッドデータブック）の段階分けと判定基準には，個体数，面積，減少率などの評価指標を用いて定められている．これらの基準により，絶滅危惧種は，深刻な危機（CR），危機（EN），危急（VU）の3つの段階に分けられる．確率論的リスクに基づく評価だけでなく，さまざまな評価指標の閾値により段階分けを行っている．このような閾値のことを「測定エンドポイント（測定終点）」と呼ぶことがある．

リスク，すなわち避けるべき事態の起きやすさは，どんな前提をおくかに

よる．また，今後どんな政策をとるかにもよる．将来起きうる事態を記述したものを「シナリオ（台本）」という．絶滅危惧種の場合は，過去の減少率が将来も継続するというシナリオがよく使われるが，今後保全措置をとれば，将来の減少率は過去とは違うだろう．シナリオには「このようにあって欲しい」という規範的（normative）シナリオと，「このようになるだろう」という調査的（exploratory）シナリオがある．また，避けるべき事態を複数設定する場合には，その重大さ（ハザード）を評価しなければ，どちらのリスクを避けるべきかを比較できない．したがって，リスクは，仮定した前提（ならびに採用する方策），避けるべき事態が生じる確率または生じやすさ，そして生じた際の重大さの3者によって定義される．

演習問題

[17] なぜミバエを根絶しなくてはならなかったか？
[18] 国内外来種に対する対策はどうなっているのか？
[19] 外来種の侵入による他種への影響には，交配可能な種の侵入も考えられると思う．交配可能な種が侵入した場合，リスク評価を行う上でエンドポイントはどう設定するのか

chapter 8

リスクを示す
絶滅危惧植物の判定基準

生物多様性の喪失の典型例は種の絶滅であり，それは絶滅リスクによって評価される．比較的情報がある種については確率論的リスク評価を行い，情報が限られた種については予防原則により，いくつかの数値基準によって判定する．本章では，日本の環境省の植物レッドリストの判定方法と，その改定の経緯を説明する．

8.1 IUCNのレッドリスト掲載基準

　生態リスク評価で最も有名なものは，絶滅危惧種の判定基準である．日本では環境省が「絶滅の恐れのある野生生物」の目録（レッドリスト）と書籍（レッドデータブック）を作り，定期的に改定していると同時に，各都道府県などでも地方版のレッドデータブックを刊行している．また，海産生物については，水産庁の委託事業で「日本の希少な水生生物」が刊行されている．国際的には，国際自然保護連合（IUCN，現在は略称はそのままだが正式名称は The World Conservation Union という）が絶滅危惧種の段階分けと判定基準（レッドリストカテゴリーとクライテリア）を定めている．以下に示すように，日本を含めた各国の絶滅危惧種も，IUCN基準に準拠して定められている．

　図 8.1 は IUCN（2001）の絶滅危惧種などの段階分けを示す．すべての記載された種は，絶滅リスクを評価しない種（NE）としようとした種に分けられる（本章で「種」と表現されているものには亜種を含む．正確には分類群

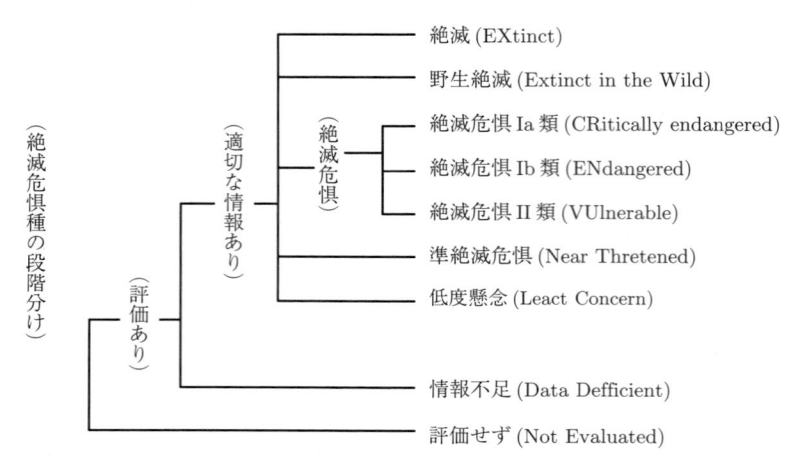

```
                        ┌─ 絶滅 (EXtinct)
                        │
                        ├─ 野生絶滅 (Extinct in the Wild)
                        │
              ┌─(絶滅危惧)┤  ┌─ 絶滅危惧 Ia 類 (CRitically endangered)
              │         │  │
              │         └──┼─ 絶滅危惧 Ib 類 (ENdangered)
              │            │
 (絶滅危惧種の段階分け)(適切な情報あり)└─ 絶滅危惧 II 類 (VUlnerable)
              │
    (評価あり)─┤ ─── 準絶滅危惧 (Near Thretened)
              │
              └─── 低度懸念 (Leact Concern)

            ─── 情報不足 (Data Defficient)

            ─── 評価せず (Not Evaluated)
```

図 8.1 IUCN（2001）の絶滅危惧種などの段階分け．上から EX, EW, CR, EN, VU, NT, LC, DD, NE に分けられる．

（taxon）と表記される）．評価しようとした種も，情報不足によって評価できなかった種（DD）と評価した種に分けられる．評価した種のうち，絶滅したと考えざるをえない種（EX），飼育下には生息しているが野生には生息していないと考えられる種（EW）がいる．逆に，絶滅の恐れがほとんどないと考えられる種（LC），今は絶滅危惧種の要件を満たしていないが，近い将来要件を満たす恐れのある種（NT）がある．そして，表 8.1 に示す条件を満たす種を，絶滅危惧種と呼び，絶滅の恐れが高いとみられる順に CR, EN, VU の 3 段階に分けられる．

　第 7 章で説明したように，リスク評価には明確な評価エンドポイントが必要である．種の絶滅は，最もわかりやすい評価エンドポイントの 1 つである．ただし，絶滅確率（確率論的リスク）を算出するには，個体数とその減少率，環境収容力やメタ個体群構造など，詳細な情報が必要であり，ほとんどの絶滅危惧種ではその情報がない．したがって，表 8.1 に示すような基準によって，絶滅危惧種を 3 つの段階に分けている．

　表 8.1 の 5 つの基準のうち，基準 E は絶滅確率による評価で，このためには減少率，現在の個体数または生息域・分布域の情報が必要であり，さらに過去の減少率が今後も続くなど，実証されていない前提に基づいている．絶

表 8.1 IUCN（2001）の絶滅危惧種の判定基準の概要

基準	深刻な危機（CR）	危機（EN）	危急（VU）
A 個体数減少率	＞80%/10年3世代	＞50%/10年3世代	＞30%/10年3世代
B 生息域	＜10 km²	＜500 km²	＜2,000 km²
分布域	＜100 km²	＜5,000 km²	＜20,000 km²
C 成熟個体数と減少率	＜250 かつ 25%/3年1世代の減少	＜2,500 かつ 20%/5年2世代の減少	＜10,000 かつ 10%/10年3世代の減少
D1 成熟個体数	＜50	＜250	＜1,000
E 絶滅リスク	10年か3世代後に50%以上	20年か5世代後に20%以上	100年後に10%以上

滅確率は，個体数が少ないほど，また減少率が高いほど高くなる．

さて，IUCN の判定基準によれば，表 8.1 の 5 つの基準のうち，どれか 1 つを満たせばよい．つまり個体数か減少率のどちらかで判定するため，減少率が大きい種は個体数がたくさんあってすぐに絶滅しない種でも，基準 A により絶滅危惧種に判定される．この問題点は，判定基準を作るときから指摘されていた．けれども，多くの絶滅危惧種では，個体数と減少率の両方の情報が得られるものは少ない．個体数か減少率のどちらかの情報で判定できるようにしたのは，絶滅リスクの高い生物を情報不足で判定できなくなるのを避けたのである．すなわち，第 1 種の誤りよりも，第 2 種の誤りを避けることが優先されたのである．

減少率と個体数の両方の情報がわかっているものについては，2 つの誤りを同時に減らすことが可能である．環境省の絶滅危惧植物（松田 2000）の判定基準はそのように定められているが，表 8.1 の IUCN 基準では，より情報の多い生物のリスクをより正確に評価する仕組みがないため，情報を有効に利用できず，結果としてミナミマグロのように，まだ 100 万尾ほどいて絶滅リスクが低いにもかかわらず，過去の乱獲により 80% 以上減少した生物は CR と判定される．他方，完全禁猟のシロナガスクジラは EN で，魚屋で安売りされるミナミマグロの方が絶滅するリスクが高いことになってしまった．

このように，リスク評価にはまだ方法論をめぐって異論がある．しかし，基本的には，情報が少ないものも予防原則に立ってリスク評価を行い，かつ，利用できる情報を活用してできる限りリスクを正確に評価することが重要である．

8.2 環境省植物レッドリスト

松田（2000）に紹介したように，1997年の環境省植物レッドリスト（維管束植物）は，表8.1のIUCN基準とは少し異なる基準を用いている．1997年の環境省植物レッドリストは，国土地理院の2万5千分の1地図にしておよそ4,457枚に及ぶ日本各地に生育する植物を，532人の調査員が種名と株数と減少率を調べ上げ，今後の減り方を予想したものである．世界でも例を見ない大規模で綿密な調査であった．

2007年の改定の際には，CR種の現状をより正確に把握し，前回の調査対象から漏れた種（特にCR相当種）について改めて評価し，離島など前回調査不十分だった地域の調査を重点的に行った．前回と今回の二度調査している部分は，10年前の調査結果と比較することができる．ただし，1997年版の調査時には離島部（屋久島，小笠原諸島など）が十分調査されていなかったこと，今回シカの食害などで新たに調査対象に加えられた植物などでは前回との比較ができないために，今回も減少率規模を調査員に質問している（表8.2）．

それぞれの地図区画（日本語では「メッシュ」と呼ぶことが多いが，英語では格子を意味するgridと呼ぶようである）上に，各植物が何個体くらいいるかを改めて調査した．正確に数えたわけではないが，調査員へのアンケートで，約10 km四方の25,000分の1地図のそれぞれについて，個体数を数個体，数十個体，数百個体，千個体以上，不明の5つに分けて，各区画の個体数を調べる．2007年レッドリストの際には，さらに細分化して，0個体，1–9個体，10–49個体，50–99個体，100–999個体，1,000–9,999個体，10,000個体以上と不明に分けて尋ねた．前回と今回の個体数を比較して，各区画の個

表8.2　環境省の維管束植物レッドリストの1997年版と2007年版の調査内容

	レッドリスト 1997	レッドリスト 2007		
		離島部	新規対象種	その他
調査区画面積	約 $100\,\text{km}^2$	約 $1\,\text{km}^2$	約 $100\,\text{km}^2$	約 $100\,\text{km}^2$
個体数規模	○	○	○	○
個体数変化率規模	○	○	○	—

（宗田 2007）

表 8.3 環境省植物レッドリスト（2007 年改訂版）で用いた変化率

		前回調査での個体数規模					
		絶滅	1–9	10–99	100–999	1,000–	不明
今回調査での個体数規模	絶滅	—	1/10	1/10	1/10	1/10	—
	1–9	1～5	1/10～1	1/100～1/10	1/1,000～1/100	1/10,000～1/1,000	—
	10–49	1～5	1～5	1/10～1/2	1/100～1/20	1/1,000～1/200	—
	50–99	1～5	1～5	1/10～1	1/20～1/10	1/200～1/100	—
	100–999	1～5	1～5	1～5	1/10～1	1/100～1/10	—
	1,000–9,999	1～5	1～5	1～5	1～5	1/10～1	—
	10,000–	1～5	1～5	1～5	1～5	1/10～1	—
	不明	—	—	—	—	—	—

絶滅には未確認，不明には無回答が含まれる．（宗田 2007）

体数変化率を求める．ただし，前回も今回も 100–999 個体の場合，個体数の比は 90%減少から 900%増加までありえることになる．そこで，表 8.3 のように変化率を仮定した．ここでは，減少率の上限を今回調査での最小株数と前回最大株数の比から求めたのに対し，減少率の下限を今回調査の最大株数と前回調査の最大株数の比から求めている．すなわち，減少率は予防的に仮定したが，あまり急激な増加は起きていないと仮定した．さらに，少なくとも多年草植物の場合，10 年間で 5 倍以上の増加は考えにくいとして，増加率の上限を 5 倍とした．

1997 年の植物レッドリストの判定に用いたデータ（個体数規模，減少率規模の頻度分布）は，すべての絶滅危惧種について，2000 年の環境省植物レッドデータブックに記載されている．そのときの計算方法は，本書のウェブサイト (p.16 脚注) に C 言語プログラムのソースコードが公開されている．したがって，誰もが同じデータを用いて追試することができるし，絶滅リスク評価に用いた仮定を変えて再評価することができる．現在 2007 年レッドリストでは結果のみが公表されているが，今後データは公表される予定である．

まず，ある種の区画 j の初期個体数 $N_j(0)$ から出発し，その 10 年後の個体数はある増加率 $R_j(0)$ により $N_j(t+1) = R_j(t)N_j(t)$ と表せるとする（t は 10 年単位）．架空の種における個体数規模が，1997 年レッドリストと 2007 年レッドリストで表 8.4 のように得られたとする．初期個体数は個体数規模の

表 8.4 架空の種の個体数規模の頻度分布

		前回調査での個体規模						
		絶滅(未確認)	1–9	10–99	100–999	1,000–	不明(未回答)	合計
今回調査での個体数規模	絶滅(未確認)	0	0	0	8	0	0	8
	1–9	2	0	0	0	11	0	13
	10–49	0	0	3	0	0	0	3
	50–99	0	0	0	0	0	0	0
	100–999	0	0	0	18	0	0	18
	1,000–9,999	0	0	0	0	0	0	0
	10,000–	0	0	0	0	0	9	9
	不明(未回答)	0	0	0	0	11	2	13

表 8.5 表 8.4 から得られる減少率の頻度分布

減少率	1–5	1/10–1	1/10	1/10–1/2	1/20–1/10	1/100–1/10	1/100–1/20
頻度	2	18	0	3	0	0	0
減少率	1/100	1/200–1/100	1/1,000–1/100	1/1,000–1/200	1/1,000	1/10,000–1/,1000	1/10,000
頻度	0	0	0	0	8	11	0

上下限の相乗平均から，$\sqrt{10}, \sqrt{500}, \sqrt{100000}$ などとした．各個体数規模の区画数は表 8.4 の右端列（合計）のように得られ，計算上の総個体数 $N(0)$ は 95,800 個体となる．減少率については，表 8.3 の変化率の仮定から，表 8.5 のように得られる．この頻度分布に従い，さらにその範囲内で一様乱数を発生させる．つまり，表 8.4 から 1–9 個体の区画が 13, 100–999 個体の区画が 18 区画などとし，個体数不明や絶滅した区画は 0 とする．また，$R_j(t)$ は 18/42 の確率で 1/10 と 1 の間の一様乱数であり，8/42 の確率で 1/1,000 である．どの区画でも個体数が 1 未満となったとき，絶滅したとみなす．

このような計算機実験を 10,000 回繰り返し，10 年後の個体数の平均値 $\tilde{N}(1)$ を求める．平均減少率 $1-\tilde{R}$ は $1-\tilde{N}(1)/N(0)$ から求められる．

1997 年レッドリストと同じく，1 カ所も回答のなかった植物もかなりあった．回答区画数がかなり少ない種については，情報不足（DD）として取り扱わざるをえない．たとえば，1 区画しかない場合，その区画で減っていなけ

れば，絶滅リスクは0になってしまう．そのため，情報の少ない種のリスク評価を補完するために，ベイズ法の事前分布という概念を用いた．

　ベイズ法とは，第13章で詳しく述べるが，データ数が少ない事象の予測に際し，あらかじめ先験的な確率分布を与えておいて，実際のデータによってそれを補正する方法である．たとえば，野球のチームが初めて対戦する相手に勝ったとき，今後の勝率を10割と想定するのは非現実的である．特に情報がなければ，対戦前は勝率五分五分と推定するかもしれない．ベイズ法では，たとえば事前分布として1勝1敗という架空のデータを与える．実際に1勝した後では，事後分布を2勝1敗と更新し，再戦時の勝率を2/3と想定する．ただし，最初に1勝1敗と仮定することに特に根拠はなく，0勝1敗でも，1勝2敗でもよいだろう（Hilborn & Mangel 1997）．

　環境省レッドリストでは，この事前分布として，絶滅した架空の区画を1つ加えることにした．今回，新規に絶滅したと考えられる区画の大半が100個体未満だったので，一律に，変化率1/100の架空区画を加えた．かなり保守的な前提といえるが，この仮定により，減少していない種でも1区画しかない場合にはCRとするIUCNの基準Bと整合性が維持される．

　1997年レッドリストと異なり，今回は個体数が増加する場合も考慮されている．そのため，計算機実験は図8.2のようになる．これはサクラソウの例であるが，最短で70年後に絶滅するが，150年以上も存続する可能性もある．たとえば70年後までに絶滅する試行回数により，70年後の累積絶滅リスクを評価できる．この種は，1997年レッドリストでは危急種（VU）に指定されていたが，今回は絶滅の恐れが低いとして，準絶滅危惧種（NT）に格下げとなった．

　計算機実験により，同時に減少率も推定する．2007年環境省植物レッドリストでは，10年，20年，100年後までの絶滅リスクがそれぞれ50%，20%，10%以上のものをCR, EN, VUと判定する基準Eを設けた．これはおおむねIUCNの基準Eに合致するが，IUCNでは世代時間が長い種に配慮しているのに対し，環境省植物レッドリストでは物理時間のみで判定している．初期個体数$N(0)$と10年あたり減少率$1-R$により，10年後に50個体未満となると予想される種はCR，25年後に250個体以下になると予想される種は

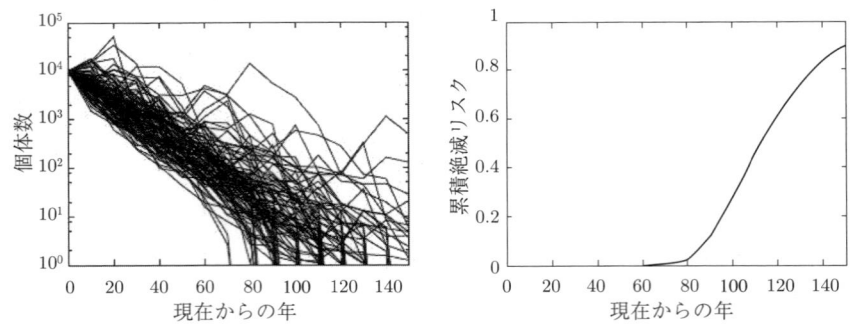

図 8.2 日本の植物レッドリストで採用した計算機実験によるサクラソウの個体数将来予想（左）と累積絶滅リスク（右）（宗田 2007）

EN，そして 100 年後に 1,000 個体以下になると予想される種は VU と判定する ACD 基準を設け，どちらか一方の基準を満たすものかを掲載することとした．ただし，最後に専門委員会が例外措置として専門家の判断（expert judgment）を下す余地を設けた．ACD 基準を数式で表すと，$N(0)(1-R) \leq 50$, $N(0)(1-R)^{2.5} \leq 250$, $N(0)(1-R)^{10} \leq 1000$ を満たすものを，それぞれ CR, EN, VU と判定する．E 基準では前述したベイズ法の事前分布を考慮したが，ACD 基準では考慮していない．ACD 基準は IUCN の基準 A, C, D を合わせて，減少率の閾値を個体数の関数としている．そのため，IUCN レッドリストと異なり，個体数が多い種では，減少率が高くても絶滅危惧種に該当しないことがある．

植物レッドリストで用いた個体数，減少率，絶滅確率の推定方法はあくまで便宜的なものである．1989 年のレッドリストでは専門家の直感に頼っていた判定を，より客観的かつ定量的な方法で判定するよう改めたことに意義がある．しかし，1,500 種もの植物を共通の手法でこれほど詳しく調べたのは世界でも例がない．地域の維管束植物を正確に同定できる調査員が 532 人もいたからこそ可能であった．絶滅危惧種が生き残ることともに，次の世代に調査員の能力が受け継がれることが大切である．

表 8.6 は，2000 年の環境省植物レッドデータブックと 2007 年の環境省植物レッドリストにおいて，各ランクに判定された種数を比較したものである．

表 8.6 環境省の植物レッドデータブック（環境省 2000）と植物レッドリスト 2007 との判定結果の比較

		RDB2000 カテゴリー							
		EX	EW	CR	EN	VU	NT	DD	新規	総計
レッドリスト 2007	EX	16		11				4	2	33
	EW	1	5	2					0	8
	CR	1		343	65	47	10	10	47	523
	EN			148	211	72	7	5	48	491
	VU			38	175	379	17	8	59	676
	NT	0	0	2	22	103	105	1	22	255
	LC	1		1	4	11	4	1	7	29
	DD	1		3		5		16	7	32
	削除			16	3	4	2	7	3	35
	総計	20	5	564	480	621	145	52	195	2,082

（環境省資料より，藤田卓博士 作成）

たとえば，2000 年に絶滅（EX）と推定された 20 種のうち，2007 年にも引き続き絶滅と判定されたものは 16 種で，4 種はその後再発見された（1 種は野生絶滅（EW））．しかし，新たに 17 種が絶滅と判定され，植物レッドリスト 2007 では 33 種が絶滅と判定されている．2000 年の植物レッドデータブックで CR と判定された 564 種のうち，レッドリスト 2007 で絶滅と判定されたものは 11 種であった．E 基準では 10 年間の絶滅リスクが 5 割以上のものを CR と判定するはずだから，11 種は少なすぎる，換言すれば 564 種も CR と判定したのは多すぎたといえるかもしれない．予防原則によれば，絶滅リスクを過小評価する第 2 種の過誤を避けることが，過大評価する第 1 種の過誤を避けることよりも優先される．はたして，EN や VU から絶滅したと判定されたものがなかったことから，第 2 種の過誤，すなわち絶滅リスクを過小評価したものは全くなかったともいえる．その意味では，第 1 種の過誤を減らす努力をもう少し試みてもよかったかもしれない．

このように，予防原則に基づく判断は，継続監視によって事後評価することができる．事後評価は重要である．それによって，予防原則を適切な水準に修正することができるだろう．これを，予防原則の順応的な事後検証と呼ぶことにする．

表 8.7 計算機数値実験による絶滅リスク評価結果と植物レッドリスト 2007 との判定結果の比較

| | | 総合判定(E 判定，ACD 判定のうちより高ランクの判定) | | | | | | | |
		EX	CR	EN	VU	NT	LC	判定できず	総計
レッドリスト 2007	EX	10						23	33
	EW	1						7	8
	CR	31	315	21	2			154	523
	EN		71	330	23		1	66	491
	VU		11	136	447	1	8	73	676
	NT		1	5	53	24	64	108	255
	LC		2	1	5	8	3	10	29
	DD		2					30	32
削除		3	4	3	1			24	35
総計		45	406	496	531	33	76	495	2,082

(藤田卓博士 作成)

表 8.7 に，計算機数値実験による絶滅リスク評価結果と，専門家の判断を加えた環境省植物レッドリスト 2007 の最終結果の比較を示す．数値実験で VU と判定した 531 種のうち，専門家が同意したのは 447 種で，25 種はよりリスクを高く修正し，59 種は低く修正した．CR と EN についても専門家が低いリスクに修正した種が多数あった．このように，計算機数値実験による絶滅リスク評価はあくまでも専門家の最終判断の際の参考資料であるという点が，環境省の植物レッドリストの特徴である．IUCN では，ミナミマグロを CR と判定する際に，取りまとめにあたった中心人物は「ミナミマグロがあと半世紀以内に絶滅するリスクが低いとする意見には反論できない．しかしミナミマグロは CR の基準 A に合致する」と答えて，CR に掲載した経緯がある．

8.3 絶滅リスク評価の見直し

環境省植物レッドリストは，世界的にも比類なき精緻な全国調査により，2,000 種前後の在来種を踏査し，同定して得た膨大なデータベースを基にしている．このデータベースは，各地の環境影響評価を行う際にも活用できる

(松田 2000). 愛知万博（2005 年 日本国際博覧会）や福井県中池見の液化天然ガス備蓄基地計画などでは，環境影響評価を通じた計画変更，中止に重要な役割を現に果たしてきた (Oka *et al.* 2001). さらに必要なのは，長期継続した調査を実行可能なものとし，その結果によって絶滅危惧種の判定が可能な体制を整えることである．そのためには，調査計画を立案する前に，評価手法も十分に吟味し，評価できる調査方法を練らねばならない（宗田 2007）.

筆者の研究室の修士課程の卒業生で，植物レッドリスト 2007 の計算機数値実験を行った宗田一男による継続調査の提案は以下のとおりである．まず，原則として，数値回答をなるべく求めないことと，計算機数値実験によるリスク評価を行う際の便宜を見据えた方法をとることが重要である．

最新の個体数規模の回答が得られても，前回の個体数規模と比べると表 8.3 のように，個体数変化率の不確実性は極めて高くなる．それならば，前回と同じ調査員が回答する場合には，増加，減少，現状維持，あるいは増減不明の回答が得られれば，その情報は絶滅リスク評価の際に貴重である．前回個体数規模の回答が得られている区画場所については，新たに個体数規模の回答がなくても，生息の有無または不明の情報が得られるだけでも，それなりのリスク評価を行うことができる．

植物レッドリスト 2007 を判定したときのデータについて，仮に上記の回答だけが得られたとして，計算機数値実験のリスク評価がどう変わるかを試算した結果，それほど大きな判定結果の差はみられなかったという（宗田 2007）．このように，リスク評価に必要な情報を吟味するとき，ある程度詳細なデータが得られている場合に，それより粗いデータしか用いずにリスク評価を行い，詳細なデータによる評価結果と比較することは有効である．どこまで情報を減らしても類似した結果が得られるか，どこまで情報を減らせば類似した結果が得られなくなるかを知ることにより，その後の調査計画を設計することができる．

演習問題

[20] 環境省植物レッドリストの判定は減少率から絶滅リスクを算出した結果に基づいているが，IUCNのほかの基準で判定することは考えなかったのか？

[21] ミナミマグロの，73年後まで絶滅リスクが0.1%未満なのに，その後急激に絶滅リスクが上昇するのはなぜか？

[22] 定量的な減少率を求めて対策を促すことは賛成だが，「関数やグラフに当てはまる」というのではなく，それに付随する原因となる要因を知りたい．

[23] サクラソウやキキョウが100年後に絶滅するというのは実感がわかない．現在の個体数と減少率から相対的な絶滅確率を求めたという「但し書き」を付けて欲しい．

[24] ヒノキは自然分布はあまりないということだが，自然分布かどうかはどのようにして判断するのか？

[25] ホットスポットのような地域差はどのような要因で生じるのか？

chapter 9

リスクを嫌う
トドの絶滅リスク

野生生物の絶滅に至る道は，乱獲や環境汚染などで減り続けている場合，一方的に減り続けることはないが個体数が少ないために環境変化などの影響で絶滅する可能性が無視できない場合がある．生物多様性の保全と持続可能な漁業の共存を図るには，リスク管理が必要だ．予防原則に基づきリスクを避け続けていては，両者の共存は困難だろう．知床世界遺産でも，トドと漁業の共存を目指す．

9.1 生物多様性条約と持続可能な資源利用

　地球サミットが開催された1992年は，環境問題の節目となる年だった．リオ宣言では予防原則が謳われ，地球環境保全のための行動計画を綴るアジェンダ21，生物多様性条約が採択された．アジェンダ21により生物多様性国家戦略が各国で定められ，持続可能な発展とともに生物多様性保全が国際的な合意事項となった．日本においても，森林法，河川法，鳥獣保護法などの改正に際して生物多様性保全という新たな理念が加わった．

　生物多様性条約には，生物多様性保全とともに，持続可能な資源利用が目的として記されている．したがって，漁業のように，野生生物資源を利用しながら，生態系の保全を目指す活動も奨励される．ただし，乱獲，混獲，生息地破壊，環境汚染，食物連鎖を通じた間接的影響など，生物多様性への影響を考慮する必要がある．

　第8章で，国際自然保護連合（IUCN）が定めた絶滅危惧種の判定基準を

紹介した．この基準により，トロの材料として利用されているミナミマグロが，長らく全面禁漁されているシロナガスクジラより絶滅の恐れが高いと判定された．まだ CITES（絶滅の恐れのある生物の国際商取引に関する条約，ワシントン条約ともいう）の附属書には掲載されてはいない上，締約国に留保の権利があるため，直ちにミナミマグロの輸入や利用ができなくなるとはいえないが，CITES の附属書掲載基準も IUCN の絶滅危惧種判定基準と共通している（松田ほか編 2004）．

したがって，国際世論によっては，マグロ漁業は今後厳しい状況に追い込まれる可能性がある．ミンククジラのように IUCN の絶滅危惧種に掲載されていなくても，CITES に掲載されている生物もある．2004 年には，タツノオトシゴ類が全種一括して CITES 附属書 I に掲載された．アフリカゾウやタイマイのように，資源水準がある程度維持され，持続可能な利用が可能であるといわれる生物も，CITES で国際商取引が禁止されている．すなわち，絶滅危惧種の判定基準は生物多様性を守るために作られているが，機械的に適用すると，持続可能な利用を妨げる可能性がある．

9.2 ミナミマグロの絶滅リスク

今年の個体数が与えられても，翌年の個体数は一通りには決まらない．翌年の個体数はさまざまな運不運に左右される．この「運不運」には 2 つの要因がある．1 つは環境確率性（environmental stochasticity）であり，同じように数が減っていても，環境がよければ多少長持ちし，悪ければ一気に絶滅する．環境の善し悪しが全個体に等しく降りかかるとすれば，よい年には個体数に比例して増え，悪い年には比例して減る．

もう 1 つは人口学的確率性（demographic stochasticity）である．数が多い間は平均値に近い子供の数を残せるが，数が減ってくると，実際に残す子供の数は運不運に左右される．たとえば確率 50% で生き残るはずが，10 個体しかいなければ全滅する確率は $(1/2)^{10} = 1/1024$，ぴったり 5 個体が生き残る確率は $_{10}C_5(1/2)^{10} = 24.6\%$ であり，75% は 6 個体以上か，4 個体以下になる．個体数が大きいと運のよい個体と悪い個体が混ざって揺らぎが相殺さ

れるので，人口学的確率性の大きさは個体数の平方根に比例する．これは信号と雑音の関係（S/N 比）と同じである．個体数が数十個体以下のときは，人口学的確率性だけでも絶滅する危険性が無視できない．

野生生物の絶滅は，①個体数が減り続けている場合（決定論的絶滅），②変動しつつ維持されているが，環境変動や偶発的不運により絶滅する場合（確率論的絶滅）に生じる．いずれにしても，個体数変動の基本式

$$N(t+1) = N(t) + r[1 - N(t)/K]N(t) \tag{9.1}$$

にある内的自然増加率 r（低密度状態での増加率）と環境収容力 K が，絶滅リスクの鍵となる．

確率論的絶滅の場合，その絶滅リスクは，内的自然増加率 r の低減または環境収容力 K の減少によって高まる．トドはアリューシャン列島と千島列島，サハリンに分布しているが，千島個体群は IUCN (1996) および環境省 (2000) により絶滅危惧個体群（EN）と判定されている．保護したい一方で，トドは漁網を破って魚を奪う害獣としての面も持っている．

個体数，減少率とその年変動がわかっている生物では，今後もその傾向が続くと仮定すれば，理論的に絶滅確率が計算できる．これを個体群存続性解析（population viability analysis）という．生物が１つにまとまっているか，分集団（subpopulation）に分かれているかも絶滅の危険性を大きく左右するが，それを無視すれば，絶滅確率の基本方程式は

$$\frac{dN}{dt} = r(N)N + \sigma_e \xi_e(t) \circ N + \xi_d(t)\sqrt{N} \tag{9.2}$$

である（巌佐・箱山 1997）．ここで $N(t)$ は世代 t の個体数，$r(N)$ は１個体あたりの増加率で，密度依存性を考えれば N の関数であり，たとえば logistic 方程式なら $r(N) = r_{max}(1 - N/K)$ である．σ_e は環境確率性の大きさ，$\xi_e(t)$ は環境確率性を表す乱数，$\xi_d(t)$ は人口学的確率性を表す乱数である．乱数はホワイトノイズと呼ばれる確率変数で与える．ホワイトノイズは数学的には至るところで微分できない超関数であり，積分のやり方が何通りか定義されている．式の中の白丸は Stratonovic 積分を行うときの記号であり，人口学的確率性の方は伊藤積分を行う．環境確率性の自己相関を ρ_e とすると，

$\xi_e(t) \circ N = (\xi_e(t) - \rho_e/2)N$ と書き直すことができる（巌佐・箱山 1997）．この式では連続変数 t の単位は 1 年でなく，平均世代時間を 1 単位時間にとる．ただし，長寿の生物は絶滅までは時間がかかっても，保全措置が手遅れになるのはそれよりはるかに早い．先ほど述べたように，環境確率性は個体数 N に比例し，人口学的確率性は $\sqrt{N}$ に比例する．個体数が正の環境収容量 K の周りで揺らいでいるときには，r_{max}, K, σ_e は過去の個体数変動の時系列から推定することができる．ただし，推定誤差は大きい（巌佐・箱山 1997）．

後で述べる IUCN レッドリスト基準 D1 は，このような理論を参考に決められた基準である．CR の基準である 50 個体は，人口学的確率性だけを考えても絶滅の危険性が高い危険水準であり，最小存続個体数（minimum viable population size：MVP）という．50 という個体数はあくまで目安であり，生物の生活史を考えれば，必要に応じて MVP の値を変えるべきである．また，MVP 以上なら絶滅の危険性がないという基準ではなく，1 世紀先まで考えたり，環境や人為的条件が悪くなることを考えれば，それ以上の個体数でも絶滅の危険性は無視できない．

$r(t)$ が負，つまり連続的に減り続けていて，しかも密度効果が無視できる生物では，現在の個体数 $N(0)$，個体数の対数値 $x(t) = \log N(t)$，過去の毎年の減少率 $r(t) = x(t) - x(t-1)$，$r(t)$ の平均 r^*，分散 σ_e^2，自己相関 $\rho(\tau)$ により，絶滅確率が計算できる．この場合も，いつ絶滅するかは人口学的確率性によって左右されるが，早晩絶滅することに変わりはなく，平均減少率が大きい場合には，その影響を無視しても絶滅までの時間を求めることができる（Lande & Orzack 1988）．

その際，個体数の将来予想は，t 年後の個体数の対数 $x(t)$ の確率分布（$x(t)$ が y 未満である確率）は，以下のような正規分布に従うとみなす．

$$\Pr[x(t) < x] = \int_{-\infty}^{x} \frac{1}{\sqrt{2\pi\sigma^2 t}} \exp\left[-\frac{(x_0 + r^* t - y)^2}{2\sigma^2 t}\right] dy \quad (9.3)$$

$$\text{ただし } \sigma^2 = \sigma_r^2 \left[1 + 2\sum_{\tau=1}^{\infty} \rho(\tau)\right]$$

時差 τ の自己相関は以下のように求められる．

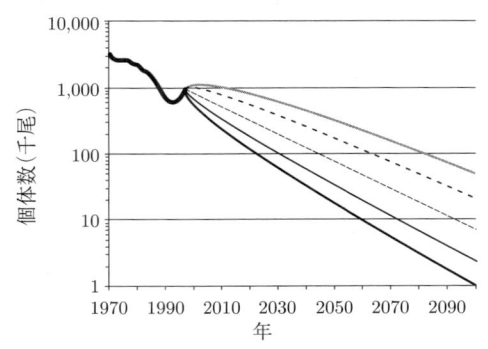

図 9.1 ミナミマグロの過去の成魚尾数の減少（Bethlehem *et al.* の推定）と将来予想

$$\rho(\tau) = \sqrt{\sum_{\tau=1}^{T-\tau} \frac{(x(t+\tau) - \bar{x}(\tau+1))(x(t) - \bar{x}(1))^2}{T - \tau - 1}} \quad (9.4)$$

ここで $\bar{x}(t_0)$ は $x(t)$ の年 t_0 から $t_0 + T - \tau$ までの平均値，データは 1 年目から T 年目まであるとした．これは，$x(t)$ と $x(t+\tau)$ の相関係数のことである．

これから，時刻 t までに個体数の対数が一度でも x_c 以下になる確率 $G(t)$ は，

$$G(t) = \frac{(x_0 - x_c)}{\sqrt{2\pi\sigma^2 t^3}} \exp\left[-\frac{(x_0 + r*t - x_c)^2}{2\sigma^2 t}\right] \quad (9.5)$$

と表すことができる．これは，時刻 t で x_c 以下である確率とは異なり，時刻 t 以前に x_c 以下になってから x_c 以上に回復したものも含まれる．$x_c = 0$ つまり，1 個体以下になる確率が絶滅確率である．ただし，上記の式には人口学的確率性は考慮していない．まだ個体数が多いが，急激に減少し続けているような生物については，絶滅する直前まで個体数が比較的多く，人口学的確率性を無視しても，絶滅待ち時間の推定に大きな影響はないだろう．

図 9.1 はミナミマグロの 1997 年までの資源量（成魚尾数）推定値を $N(t)$ とし，その対数から減少率の平均値と分散と自己相関を求め，式 (9.3) の確率が 1%, 10%, 50%, 90%, 99% になる個体数 y の経年変化を図示したものである（データと計算結果は本書のウェブサイトから落手可能 (p.16 脚注)）．ただし，上記の分散 σ^2 を求めるときに，限られた時系列では無限の時間差まで

の計算はできない．そこで，

$$\sigma^2(\tau_m) = \sigma_r^2 \left[1 + 2 \sum_{\tau=1}^{\tau_m} \rho(\tau) \right] \quad (9.6)$$

が最大になる τ_m までの和 $\sigma^2(\tau_m)$ を用いた．

　図 9.1 のように，未来を 1 通りに予測せず，幅を持って予測することが大切である．この場合は，最も外側が個体数予想の 98%信頼区間，その内側が 80%信頼区間を表す．信頼幅が 1997 年からの年数 t の平方根に比例して広がることに注意してほしい．このように百分率が一定の分布の裾の値を百分位数（パーセンタイル）という．これを見ると，過去 27 年間の減少率が今後も続くと仮定すると，ミナミマグロは 1970 年に 1 万尾を割る確率が 10%程度あり，2100 年には 1 万尾を割る可能性が 5 割以上で，2,000 尾を割る確率が 10%程度ある．ミナミマグロは 100 尾以上の群れを作って生活しているから，ここまで減ると生存や繁殖にもかなり影響を受けるだろう．

　式 (9.5) からわかるように，絶滅確率は現在の個体数，減少率とそのばらつきに左右される．これらの情報が過去の減少傾向から得られれば，基準 E を用いることができる．基準 E は定量的解析（quantitative analysis）と呼ばれ，1999 年改定案では既知の生活史（life history），必要な生息地（habitat requirements），脅威の要因と管理方策に基づく解析のことと定義されている．個体群存続性解析はその 1 つであり，得られる情報すべてを用い，確率的な影響を考慮し，どんなデータと前提で解析したかを書き残さなければならない．

9.3　トドの絶滅リスク

　同様に，トド千島個体群の個体数変化については図 9.2 のように表される．トドは海生哺乳類だが，繁殖期には限られた岩礁などを繁殖場として上陸するため，繁殖場での観察頭数によって個体数がおよそ推定できる．1960 年代から 90 年はじめにかけて，急速に減っていることがわかる．ただし，より最近のロシアの調査では，これ以後は緩やかながら回復傾向がみられるという．トド千島個体群は過去には 1964 年から 89 年までの 25 年間で約 8 割減っ

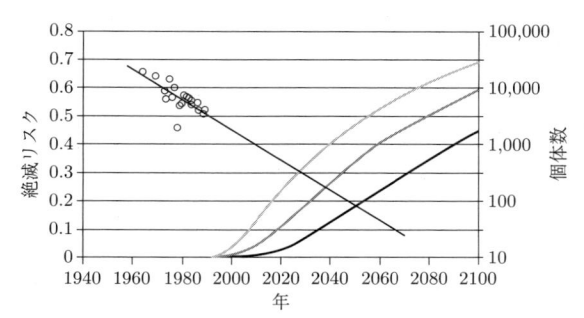

図 9.2 トド千島個体群の観察頭数(白丸および回帰直線,成獣と亜成獣の合計値;大泰司・和田編 1999 および北海道資料より)と将来の絶滅リスク(3 本の右上がりの曲線;松田裕之・高橋紀夫 未発表).1990 年現在の過去 25 年間の観察頭数に基づく減少率が今後も続くと仮定したとき,3 本の曲線は上から 50, 10, 1 個体以下になるリスクを表す.

ており,同じ減少率が今後も続くとすれば,図 9.2 の直線のように減り続け,2050 年には 100 個体を下回る.この直線の傾きが r であり,この場合は負の値をとる.K も負とみなされる.この場合には,絶滅は時間の問題であり,生存率へのさらなる悪影響は,絶滅までの待ち時間を確実に縮めることになる.実際の減少率は毎年一定でなく,変動するから,もっと早く絶滅する可能性がある.確率的変動を考慮すると,図 9.2 の 3 本の曲線のような絶滅リスク評価ができる.この図では 1989 年までの観察頭数 4,000 頭,内的自然増加率 $r = -0.685$ (/年),その標準偏差 $\sigma = 0.598$ を用いている.$r(t)$ の自己相関は,個体数推定値の誤差を拾っていると考えて無視した.ただし,その後個体数は年率 1.5% 程度の増加に転じたため,絶滅リスクはもっとずっと低いものと考えられる.2007 年の環境省レッドリストでは,トドは絶滅危惧 Ib 類(EN)と判定されている.

このように減り続ける原因は定かではないが,捕獲や環境汚染など,さまざまな要因が作用していると考えられている(大泰司・和田編 1999).しかし,数千頭しかいない個体群を毎年 100 頭以上も駆除し続けていれば,国際世論の批判を免れないだろう.捕獲によって生存率を 2% 程度下げることになるからだ.これだけが減少の原因ではないとしても,捕獲は絶滅リスクの増加に大きな影響を与えているといえるだろう.

9.4 野生生物保護におけるリスク管理の重要性

　前述のトド千島個体群は，絶滅危惧個体群（EN）と判定されている．これ以上減らさないように保護したいが，漁業被害も減らしたい．これらを両立させるには，リスク管理が欠かせない．つまり，トドを全面的に保護するのでも，漁業被害を避けるために根絶するのでもなく，トドの絶滅リスクを減らしつつ，被害も減らすような解を探すことになる．

　2004年の鳥獣保護法改正で，アザラシやオットセイなどの海獣類が鳥獣保護法の対象となった．平たく言えば，水産庁から環境省に管轄が移ったといってもよい．けれども，トドと鯨類は依然として水産庁の管轄下にある．これらは水産資源なのである．他方，エゾシカなど鳥獣保護法の対象となる陸上野生鳥獣も，人や農林業に被害をもたらす害獣としてでなく，肉などの有効利用を図る資源として管理する必要性が指摘されている（湯本・松田編 2006）．亜種としてのエゾシカを含むニホンジカは，日本全国各地で増えすぎが指摘されている．ツキノワグマは西日本では絶滅危惧種であり，九州ではすでに絶滅したと考えられるが，東日本のツキノワグマや北海道のヒグマはある程度の個体数が生息している．いずれにしても，数の少ないクマが人身事故や農林業被害をもたらしている．トドも，数が少ないながら，漁網を破って魚を奪い，北海道に年間数億円の漁業被害をもたらしている．

　米国では，トドはクマやオオカミと同様，自然保護の象徴として保護すべきとの世論が高まっている．2004年に知床を世界自然遺産として申請した際，その登録を審査するIUCNは，トドの餌であるスケトウダラなどの魚類をいっそう保護するよう求めた．ただし，トド自身を駆除していることには，特に異論を挟まなかった．筆者は，知床世界自然遺産候補地の科学委員を務めている．科学委員会は，1頭でも駆除してはいけないというのではなく，漁業と生態系保全の両立を図る管理計画の策定を目指している．

　リスク管理の際の避けるべき事象（評価エンドポイント）は，トド個体群の絶滅ないし激減と，過度の漁業被害であろう．詳細は社会的合意による．この両方を避けるようなリスク管理を目指す必要がある．それには，トド個体群自体の継続監視と，海洋生態系を何らかの評価指標を設け，これも監視

しつつ，生態系を損なわないような管理手法を設けることになる．たとえば，トドの観察頭数がある下限値を超えないようにするなどという明確な目標を設けることにより，それが満たされない危険が増した場合に具体的な保全策を担保する仕組みを作るような方法が考えられる．

漁業被害を防ぐのに，駆除（捕獲）は必ずしも有効な方法ではない．漁網の中に餌となる魚がいる限り，漁網を破る個体が現れる．漁場付近の岩場への上陸を妨げるとか，漁網を破られないよう改良するなどの方法と併せて実施する方が有効だろう．また，鯨類やエゾシカと同様，捕殺個体の有効利用を図ることも考えられる．

米国では，海獣類について生物学的潜在駆除数（potential biological removal：PBR）という指標が設けられている．これは推定個体数と自然増加率から算出されるもので，「最適かつ持続可能な海洋哺乳類資源の維持のために，個体群から捕獲（除去）できる数の上限」と定義される（Barlow et al. 1995）．米国国家海洋漁業局 (NMFS) と米国海洋大気庁（NOAA）が，海洋哺乳類保護法（MMPA）の第 117 項（Section 117）に準拠する目的で，どの程度の捕獲が許容されるを推定するために開発された．PBR を C_{max} とおくと，以下のように表される．

$$C_{max} = 0.5 N_{min} R_{max} F_r \tag{9.7}$$

ただし，N_{min} は対象動物の推定個体数の 60%信頼区間であり，

$$N_{min} = N/\exp[0.842(\ln(1+CV^2))^{1/2}] \tag{9.8}$$

などとして定義される．N は個体数の点推定値，CV はその個体数変動の変動係数（$N(t)$ の標準偏差と平均の比）である．R_{max} は純生産速度であり，鰭脚類では 0.12，歯クジラ類やマナティでは 0.04 などと設定される．F_r は回復因子（recovery factor）と呼ばれる係数である．適正に維持される最適持続個体数水準（optimum sustainable population levels）に回復させるため，絶滅危惧種や減ってしまった種に対しては F_r を 1 より小さな値とする．たとえば，米国法で定義された絶滅危機種（endangered species）では 0.1，絶滅危惧種ではないが枯渇した（depleted）種，危急種（threatened species）も

しくは不明種については 0.5 とする．なお，米国の種の保存法（Endangered Species Act）は IUCN レッドリストとは絶滅危惧種に対する呼称が若干異なる．IUCN は Critically Endangered（CR），Endangered（EN），Vulnerable（VU）の 3 段階があり，それらを総称して Threatened と表現するが，米国法では（広義の）絶滅危惧種を（狭義の）Endangered と Threatened に分けている．つまり，およそ，IUCN の VU が米国法の Threatened に対応する．

日本に来遊するトドについては，来遊個体だけが独立した個体群ではなく，ロシアの千島・サハリン海域の個体群の一部にすぎない．ロシア海域では特に捕獲や混獲は報告されていないので，全個体数でみれば N は数万頭と考えられるが，全個体群の PBR を日本だけが消化してもよいとは言い難い．かつては激減したが，現在ではトドの個体数は回復に向かっており，現状よりさらに捕獲数を厳しくすることは，日本の社会合意を得にくい状況にある．

海獣類だけでなく，漁業も絶滅の危機にある．2005 年 8 月に札幌で開催されている国際哺乳類学会で，国際捕鯨委員会科学小委員会前議長の米国人 Judy Zeh は「捕鯨管理はクジラと捕鯨業者を守れるか？」と題する全体講演を行った．けれども，欧米の自然保護運動は，必ずしも漁業との共存を意識していない．ある著名な研究者が，「海獣よりも漁業の方が先に絶滅するから，海獣は大丈夫だろう」と述べたのを聞いたことがある．

図 9.3 に，北海道におけるトド駆除数と漁具被害額の推移を示す．漁業被害には，漁網を破られるような漁具被害と，魚を食いちぎられて出荷できなくなる漁獲物被害がある．ここでは漁具被害だけを示した．漁網は高価であり，漁網を破られるとその漁期を棒に振ることもある．放置すれば，漁業とトドの共存は困難と思われる状況である．

マグロ延縄漁業に対する批判は捕鯨批判なみに厳しくなった．2003 年 7 月 14 日号の *Newsweek* では，マグロやサメなどの上位捕食者の乱獲により海が死ぬかもしれないという記事を表紙にも取り上げて紹介している．したがって，トド被害に悩む漁民が海獣の保護を漁業と対立させて考えていては，漁業の方が否定されかねない．予防原則に従い，生態系への悪影響が証明されなくても，規制が求められる．駆除頭数を正確に報告しなければ，ますます批判に拍車がかかるだろう．

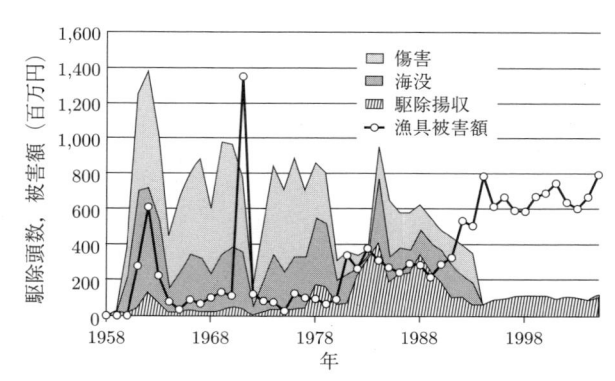

図 9.3 北海道におけるトド駆除頭数とトドによる漁業被害額の推移．駆除頭数は揚収，海没，傷害別．1994 年以降は駆除頭数が 116 頭以下に制限され，海没と傷害頭数は報告されなくなった．（大泰司・和田編 1999，北海道農林水産局資料より）

演習問題

[26] 絶滅危惧生物で，ミナミマグロ以外に実際には絶滅リスクが低いだろうという例はあるか？

[27] 未実証の保守的な実証を行った結果，実際の結果とはどのくらいのズレが生じるのか？ 過去の例はあるか？

[28] 現在の状態をよしとして，現状維持を目標と掲げるというやり方では駄目か？

[29] 漁業人口（漁獲高）の変化はトドの絶滅リスクに影響を及ぼすか？

[30] トドのように絶滅危惧種かつ害獣である動物はほかにいるのか，それともまれなケースなのか？

chapter 10

リスクを操る
ダムと生態系管理

ダム（堰堤）は洪水による災害を防ぎ，水資源を有効に利用するためにあるとされる．けれども，堰堤が生態系に与える影響も指摘される．また，数百年に一度の災害を防ぐことはできない．もともと災害リスクと生態リスクの兼ね合いで設計されており，リスクはゼロではない．どちらのリスクを重視するかは時代とともに変化し，たとえば，知床世界遺産地域と大都市を流れる河川では異なるはずである．

10.1 知床世界遺産登録と「ダム」問題

　第9章でも触れたが，2005年7月，知床がユネスコ世界自然遺産に登録された．屋久島，白神山地に次いで日本で3つめの自然遺産である．ただし，審査した国際自然保護連合（IUCN）は，登録を推薦すると同時に河川工作物（英語ではダムだが，日本の役所は落差15 m以上のものをダムというので，以下必要に応じて「堰堤」と表す）と増殖事業がサケマス類に及ぼす影響を評価し，2年後にIUCNの調査団を招くよう勧告した．第9章で紹介した海域管理計画の策定とともに，極めて重い問題を課した．
　自然遺産の地といえども，江戸時代には知床半島にアイヌが200世帯ほど住んでいたといわれ，まったくの原生自然だったわけではない．
　2005年4月付けのIUCN評価書によれば，登録地内の44河川のうち9河川に50基の堰堤があるという．実際にはもっと多いという報告もあり，北海道や農水省が建設し，全貌は誰にもわからないとさえいわれる．上記の評

価書では，①世界遺産の推薦地はサケ科魚類にとって重要であるとともに，サケ科魚類は陸域を含めた推薦地内の生態系の重要な構成要素であり，魚類の自由な移動の確保が重要である．②したがって，推薦地内のすべての堰堤にサケ科魚類が自由に移動できる有効な手段を確保すること．③河川下流域（緩衝地域や推薦地外）における遊漁に関する厳格な規則の必要性について検討する必要性が指摘された．

　日本政府が 2004 年に提出した推薦書類によれば，「これらの構造物がサケへ与える影響についてはまだ不明であり，今後調査が行われる予定である」(29 ページ) と記載されている．IUCN は現地評価調査の後で，さらなる調査研究と，堰堤の撤去や魚道の設置を含む改良措置を講じることを検討すべきとした．さらに，サケ科魚類の孵化放流事業の生態系に与える影響を評価した管理計画を作り，管理計画の効果について 5 年後に再評価するよう求めている．

　知床管理計画には記されていないが，日本のダム関係者は，日本の河川の特殊性をあげる．日本における洪水時に河川水位以下となる沖積平野の面積は国土面積の 10% を占めている．これに対して，人口はその約半分の 51%，資産はその 75% が沖積平野に集中している．したがって，沖積平野を流下する河川に対する「治水」は，わが国の国土保全上，すなわち「財産」を洪水などの自然災害から守るため重要な意味を持つという (国交省)．

　けれども，知床世界遺産地域では上記と同じ事情があるとはいえない．確かに漁師の番屋などの人と財産を守るためとされる堰堤があるが，大陸でも洪水で人と財産が失われるリスクがある．また，日本の河川管理が想定している洪水は日本ではおおむね 200 年に一度程度の大洪水を防ぐことで，すべての洪水に備えているわけではない．つまり，防災もリスク管理をしているのである．実は，ダムや堰堤は砂が溜まり意外と長持ちしない．防災という所期の目的さえも有効性を疑問視する指摘もある．

　したがって，世界遺産地域の生態リスクと災害のリスクの兼ね合いが重要になるはずである．世界遺産に指定されたことで堰堤建設時に比べて自然の価値は高くなり，この兼ね合いも見直されてよいだろう．管理計画によれば，知床では「居住者（知床の場合はおもに番屋）の安全性」と「自然環境の保

護」の両立を目指すことになるだろう．

10.2 ダムのリスク管理とは

図 10.1 はあるダムの流量データ（中西ら 2003）を基に，ある放流計画のもとでの 1 年間の水位の季節変化と取水量を表している．このようなデータは，国交省のデータベースから入手することができる．河川の水は農業用水，上水道，工業用水，水力発電などに利用されている．ある水位以下になると，これらの利用のどれかに支障をきたすため，渇水時でも一定の流量を保っている（維持流量）．ここでは簡単にするため，水量があれば毎日一定水量を枯渇しない限り取水し，ダムの目標水位を上回ると許容最大限（ダムがないときの 1 年間の日間流入量の 10%のみがこれを超えると仮定）まで放流し，それ以下の水位なら最低の維持流量のみ放流すると仮定した．この河川で降水量は毎日一定ではなく，季節変化と年変化がある．また，降水があるたびに流入量が増える．

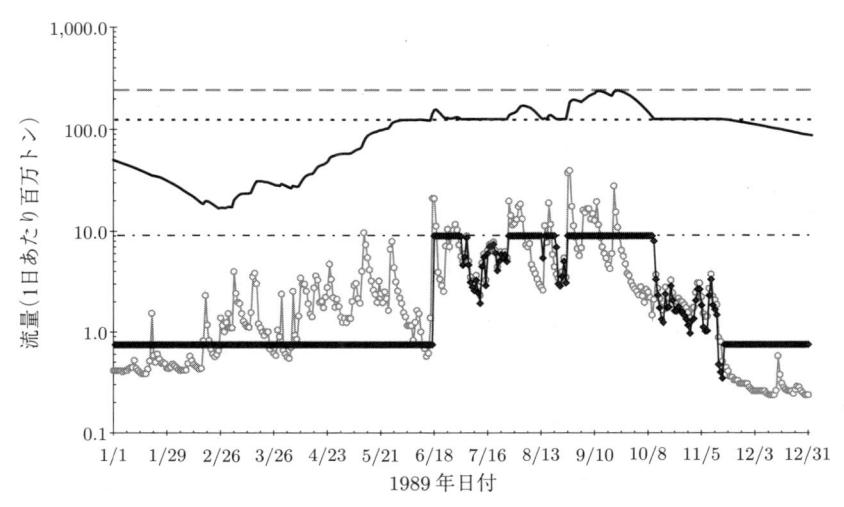

図 10.1 ある河川の 1 年間の流入量に基づく架空のダムへの河川流入量（○），放流量（◆），貯水量（太線）の年間推移．破線，点線，1 点鎖線はそれぞれ許容貯水量の上限，目標貯水量，最大許容放流量を表す．

t 日目の河川流量を $i(t)$ Tg/日（テラは 10^{12} で 1 Tg は 100 万トン），取水量を $e(t)$ Tg/日，ダム貯水量を $x(t)$ m^3 とし，それらの季節変化を考える．河川流量は図 10.1 の白丸のように与えられている．梅雨や秋に多いことは予想できるが，流入量予測は不確実である．貯水量を 1 億トン以下に維持し，かつ放流量を 1 日 1 千万トン以下に維持したい．結論からいえば，それは不可能であり，貯水量の超過や枯渇，および放流量超過や枯渇のリスクはゼロにできない．

流入量 $i(t)$ は調節できないが，放流量 $e(t)$ は調節できる．図 10.1 では

$$x(t) = \mathrm{Max}(0, \mathrm{Min}(x_{max}, x(t-1) + i(t) - \check{e}(t) - u(t))) \qquad (10.1)$$

ただし，$u(t)$ は取水量（Tg/日），x_{max} は許容貯水量の上限，$\check{e}(t)$ は後述のような「仮想放流量」である．取水量は基本的には毎日一定量（取水需要量と呼ぶ）u^* だが，貯水量が枯渇すればとれない．すなわち

$$u(t) = \mathrm{Min}(u^*, x(t-1) + i(t) - e_{min}) \qquad (10.2)$$

となる．ただし，e_{min} は維持流量と呼ばれ，ダムに水がある限り最低流れ出る流量である．

さて，仮想放流量 $\check{e}(t)$ を以下のように制御すると仮定する．

$$\begin{aligned}
\check{e}(t) &= \mathrm{Min}(e_{max}, \mathrm{Max}(x(t-1)+i(t)-u(t)-e_{max}, e_{min})) && \text{if } x(t-1) > x^* \\
\check{e}(t) &= \mathrm{Min}(e_{max}, \mathrm{Min}(e_{max}, x(t-1)+i(t)-u(t))) && \text{if } x(t-1) < x^*
\end{aligned} \qquad (10.3)$$

ただし e_{max} は最大許容流量，x^* は目標貯水量である．貯水量が目標値より高いときは最大許容流量で放流し，低いときには維持流量と取水量だけにする．

これらすべてを常に同時に満たすことはできない．式 (10.1) の $x(t-1) + i(t) - \check{e}(t) - u(t)$ で求めた貯水量 $x(t)$ が許容貯水量の上限 x_{max} を超える場合には，実際の放流量 $e(t)$ は仮想放流量 $\check{e}(t)$ を上回り，

$$e(t) = x_{max} - [x(t-1) + i(t) - u(t)] \qquad (10.4)$$

となる．

少し複雑な式だが，これで貯水量と放流量を決めることができる．図 10.1 は，所与の流入量 $i(t)$ のもとで，許容貯水量の上限 $x_{max} = 250\,\mathrm{Tg}$，目標貯水量 $x^* = 125\,\mathrm{Tg}$，維持流量 $e_{min} = 0.346\,\mathrm{Tg}/$日，最大許容流量 $e_{max} = 8.996\,\mathrm{Tg}/$日，取水需要量 $u^* = 0.6\,\mathrm{Tg}/$日としたときの貯水量の変化である．

この計算では水需要を一定としたが，水需要にも季節変化があるし，季節により目標とする水位と維持流量を変えれば，$x(t) > x_{max}$ となる水位超過のリスクと，$u(t) < u^*$ となる渇水のリスクを減らすことができる．そこまでは考慮していないが，図 10.1 の数値計算でも，リスク管理についてのおよそのことは理解できるだろう．本書のホームページ (p.16 脚注) から Microsoft Excel ファイルを落手し，設定を変えて計算してみるとよいだろう．

図からもわかるように，放流量を一定に保つことは難しい．ダムは一定の効果があるが，完全ではない．そのため，ある水位以下に下がるリスクを評価し，それをできるだけ減らすリスクと，ダムがあふれて下流河岸が洪水になるリスクを減らすような，リスク管理が必要になる．

ダムが枯渇するリスクを減らすには，目標貯水量の絶対値を増やす，維持流量を減らす，取水需要を減らすことが効果的である．（図 10.1 では平均流量の約 45%にあたる 0.6 Tg を毎日取水すると想定した）．一方，ダムが満水になり，放流量が最大許容流量を超えるリスクを減らすには，最大貯水量を増やす（図 10.1 ではこの年の年間流入総量の約 77%），目標貯水量を減らす（最大貯水量の半分），維持流量を増やす，取水需要を増やす，最大許容流量を増やす（堤防を高くする，河川を直線化するなど）ことが効果的である．

上流に植林するなど最大流入量を減らす措置を除けば，二律背反にならないのは最大貯水量と最大放流量を増やすことである．図 10.1 では年間の最大と最小の貯水量は，最大貯水量のそれぞれ 95%と 6.7%である．流入量が最大放流量を上回る日が 36 日あり，それが 6 月から 9 月に集中している．

また，年間降水量は変動する．平年の多雨に耐えられても，100 年，1,000 年に一度の多雨に耐えられるとはいえない．洪水を防ぐには，ダムだけでなく，堤防などの対策が重要であることがわかる．あるいは，洪水が起きても大きな被害を起こさないような都市計画も工夫すべきかもしれない．

10.3 洪水の生態系サービスへの貢献

　生物多様性は均質で一定の環境で維持されているわけではない．貧栄養の湖に植物が繁茂すると，やがて富栄養化が進み，土砂がたまって乾燥化する．それに伴い，生育する生物種も変化する．このような変化を（植生の）遷移という．山火事や河川の氾濫，台風による倒木や斜面の崩壊などは空き地となり，遷移が進むと消え行く生物に生育の機会を与える．このような撹乱は局所的に生じ，全体として，さまざまな遷移段階の植生がモザイク上に共存する．すなわち，生物多様性は，遷移と自然撹乱がもたらすゆり戻しが釣り合うことにより，モザイク状に維持される．

　かつて「エジプトはナイルの賜物」と言われた．これも季節的な洪水が古代エジプトの肥沃な大地を作り出し，太陽暦と農耕文明を生み出した．適度の洪水は，河川流域の生物多様性を維持する上で欠かせない．そして，堰堤設置，河川の直線化と護岸整備は，下流の生態系過程に大きな影響を与えるだろう．そのため，一部のダムを撤去したり，国内でも目標水位を年中一定に保つのではなく，ときどき人工的に洪水を起こす試みが始まった．当然，下流の住民に影響を与える．自然災害による被害は国の補償の対象だが，一度設置した堰堤を撤去して被害が出れば，国家は賠償責任を負いかねない．欧米でも，これらの問題は大同小異である（図 10.2）．

10.4 減ってしまった野生生物の絶滅リスク

　第 9 章ではトドやミナミマグロのように減り続けている個体群の絶滅リスクの評価方法を説明した．個体数がもともと少ない個体群では，人口学的確率性によって絶滅するリスクが無視できない．図 10.3 に架空の個体数変動の模擬実験の一例を示す．この例では，営巣場所が 20 で，現在雌 10 個体が生息しており，毎年の 1 個体の死亡率が 30％，繁殖成功率は低密度のときは毎年平均 1 個体残すが，個体数が 10 個体のときは 0.5 個体，20 個体では 0 になると仮定した．したがって，環境収容力の 20 個体以上に増えることはない．

　ある時刻 t での個体数を $N(t)$ とする．個体数変化は，どれかの個体が繁

図 10.2 ウィーンの森（レオポルドベルク）からウィーン市内を流れるドナウ川（手前）と新ドナウ川を望む．この写真より少し下流には水力発電の堰堤がある．昔は蛇行していたが，直線化が進んでいる．（2005 年 7 月 筆者撮影）

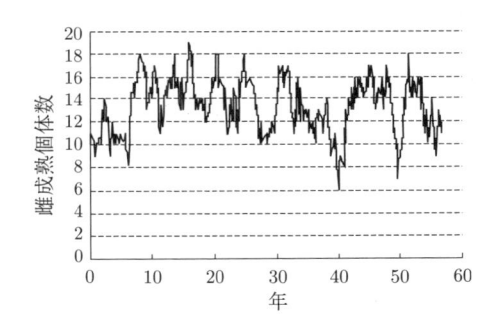

図 10.3 個体数の少ない場合の個体数変動の模擬実験．縦軸は雌成熟個体の数を表す．雄は雌より多いと仮定する．

殖するか，どれかの個体が死ぬことによって生じる．1 個体単位時間あたりの出生率を $B[1 - N(t)/K]$，死亡率を D とする．$N(t)$ 個体あるから，そのうちのどれかの個体が繁殖するか死亡する確率は，単位時間あたり

$$Q = N(t)\{B[1 - N(t)/K] + D\} \tag{10.5}$$

である．したがって，時間 Δt の間，個体数が $N(t)$ のままである確率 $p(\Delta t)$ は，$e^{-Q\Delta t}$ である．つまり，$\Delta t = -\log p(t)/Q$ である．

計算機実験を行う際には，上記の $p(t)$ の部分に 0〜1 までの一様乱数を用いて，次に出生か死亡が起こるまでの時間を求めればよい．出生と死亡のど

ちらが起きるかといえば，それぞれの確率は $B[1-N(t)/K]/Q$ と D/Q である．出生が先に起きれば個体数は $N(t+\Delta t) = N(t)+1$ であり，死亡が先に起きれば個体数は $N(t+\Delta t) = N(t)-1$ である．この計算機実験を繰り返した結果の一例が図 10.3 である．

確率的な変動のため，乱数を引き直すたびに結果は異なる．図 10.3 では環境収容力が 20 個体で，それ以下のときは平均的には個体数はわずかに増加するはずだが，運が悪いと数個体まで減っている．この模擬実験では考慮していないが，遺伝的な多様性も減ってしまい，その後の環境変化に耐えられず，進化の可能性を失う恐れがある．一度損なわれた遺伝的多様性は，その後個体数が回復してもなかなか回復しない．瓶から流れる水の水量は，口が広くても，首の狭さに依存する．それと同じく，一番減ったときの個体数が多様性を左右するので，瓶首効果という．

このような確率的な変動は，個体数が多ければ絶滅に至ることはほとんどない．しかし，個体数が少ないと，絶滅する可能性がある．図 10.3 では環境は一定と考え，繁殖や死亡が偶然起きること（人口学的確率性）だけを考慮している．

計算機実験ではなく，絶滅リスクを直接求める方法がある．そのために，時刻 t で個体数が x である確率を $P_x(t)$ とし，以下のような確率差分方程式を考える．ここでは雌のみを考え，雄が減って雌の受精率・妊娠率が減ることは考慮していない．

$$\begin{aligned}
P_x(t+dt) &= P_{x-1}(t)B(x-1)\left[1-\frac{x-1}{K}\right]dt + P_{x+1}(t)D(x+1)dt \\
&\quad + P_x(t)\left[1-Bx\left(1-\frac{x}{K}\right)dt - Dxdt\right] \\
P_0(t+dt) &= P_1(t)Ddt + P_0(t)dt \\
P_K(t+dt) &= P_{K-1}(t)B(1-1/K)dt + P_K(t)(1-DKdt)
\end{aligned} \quad (10.6)$$

ただし B は最大出生率，K は環境収容力，D は死亡率，dt は微小時間を表す．上記の第 1 式は $0 < x < K$ のときであり，個体数が 0 のときは第 2 式からわかるように $P_0(t+1) > P_0(t)$ であり，絶滅確率は時とともに増加する．個体数が K を超えることはない．dt を無限に小さくすれば，上記は確

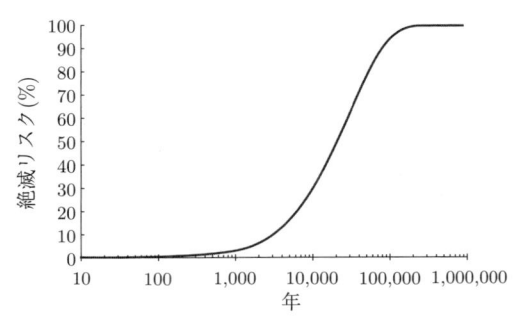

図 10.4 図 10.3 と同じ個体数変動モデルの絶滅リスク.横軸を対数軸にしているが,これは指数関数で表される.

率微分方程式になる.第 1 式右辺第 1 項は個体数が $x-1$ 個体のうち,どれか 1 個体が繁殖して 1 個体増える確率を表す.出生率に密度効果を考え,個体数が x のときの 1 個体あたりの出生率が $B[1-x/K]$ であると仮定した.第 2 項は $x+1$ 個体の状態からどれか 1 個体が死亡して x 個体に減る確率を表す.1 個体あたり死亡率 D には密度効果を考慮していない.第 3 項は x 個体の状態から出生して個体数が増える確率と死亡して減る確率を引いている.

図 10.4 に式 (10.6) の数理モデルによる累積絶滅リスク $P_0(t)$ の例を示す.この例では雌親の個体数はわずか 20 個体で環境収容力に達すると仮定した.それでも,10 年後までの絶滅リスクは 0.1%程度であり,1 世紀後までの絶滅リスクは 1%もない.この個体群の生存率を 1 割下げたときでも,絶滅リスクはせいぜいその 3 倍である.むしろ,環境収容力を 1 割減らす方が影響が大きいことがわかる.個体数がずっと多い場合には,絶滅までの平均待ち時間は,しばしば天文学的数字になる (松田ほか編 2004).減り続けている個体群の場合は,第 9 章のトドのように,現在の個体数が 1 万頭以上あっても,減少率が高ければ,1 世紀後の絶滅リスクはかなり高い値になりえる.

問題は,化学物質などの新たなリスク要因により,もともと正だった内的自然増加率 r(および環境収容力 K)が負になる場合である.この場合,そのリスク要因がなければほとんど絶滅しない個体群が,1 世紀先に絶滅することもある.この評価には,元の増加率 r と,リスク要因による r の目減りを推定する必要がある.しかし,室内実験で増加率 r を評価するのは難しい.

10.4 減ってしまった野生生物の絶滅リスク

成熟個体の生存率は推定できても，繁殖率や初期発生段階の生存率は推定が難しく，かつ年変動も大きいからである．

　図10.3に示したように，環境が一定であれば，絶滅リスクはかなり低い．しかし，1,000年というのは生物進化の歴史の中ではかなり短いといえるだろう．また，環境の長期変化を考慮すると，絶滅リスクはこれよりずっと高くなる．堰堤の議論と同じく，過去10年間の環境変動を考えるだけでは，1万年先の絶滅リスクは過小評価することが多い．1,000年に一度の天変地異による絶滅リスクを十分に考慮できないからである．

　第1章で述べたように，絶滅リスクの推定の多くは，過去の減少傾向から将来を推量するものであり，外挿という方法を用いている．リスクの絶対値はあまり信頼性がない場合も多い．それでも，異なるリスクをある程度相対的に比べることはできる．図10.4が意味することは，環境収容力あるいは生息地の面積が過去に比べて減ってしまったら，それ以上人が悪影響を与えなくても，生物の絶滅リスクを高めることである．堰堤は生息地を下流のみに限るために減らす影響があり，もともと低頻度で個体群の間を移動していたものについては，その可能性を奪い，分断化する．

　たとえば，図10.3と図10.4で最初の個体数を10個体でなく5個体から始めると，絶滅リスクは少し高くなる．しかし，初期個体数を10から5個体に減らす効果よりも，環境収容力を20から19個体に減らす効果の方が大きい．つまり，現在生息している個体を減らしても，生息地を維持していれば，個体群の絶滅に及ぼす影響はそれほど大きくない．

　上記のように減り続けている個体群でなくても，環境収容力が個体数の自然変動幅に比べてかなり大きくない限り，環境変化などによって絶滅するリスクがある．これは，あくまで内的自然増加率と環境収容力が正の場合である．

　土地開発や護岸工事などで生息地を潰す場合には，増加率 r は変わらず，環境収容力だけが変わると考えられる．これに対して，化学物質などによる環境汚染では，生存率や繁殖率に影響を及ぼし，結果として増加率 r が下がると考えられる．

　環境化学物質の環境基準は，従来，人の健康に与えるリスクを避けるように定められてきた．その考え方は，第2章で説明したとおりである．けれど

も,『沈黙の春』(カーソン 1964)による警鐘に続き,内分泌撹乱物質(いわゆる環境ホルモン)の影響が野生生物に広く及んでいることが明らかになり(コルボーンほか 1997),最近では,生態系への影響(生態リスク)も考慮して基準が定められるようになってきた.化学物質による絶滅リスク評価の際には,普通,前記のように減り続けている個体群を想定していない.

　個体群の絶滅リスクを直接評価するのではなく,個体の生存率や繁殖率に与える影響を考慮する.たとえば,生存率が1割減少すると考えられる化学物質の濃度を排出基準とする.生存率が1割減っても,ほとんどの野生生物では,個体群が絶滅する恐れはほとんどない.漁業では,1尾あたりの生涯産卵数を4割程度残すことが乱獲回避の目安とされている.つまり,生まれてからの累積生存率が6割減っても許容範囲と考えている.漁業は直接魚を獲って利用するが,化学物質は野生生物を無駄に死なせ,利用対象魚種以外にも広く影響を与えるだろうから,直接比べることはできないが,はたして生存率の1割減少が個体群の絶滅リスクの無視できない増加をもたらすかどうかは疑問である.

　そもそも,同じ種であっても,地域により,その個体群の環境収容力や内的自然増加率は異なる.地域個体群の絶滅リスクを管理するなら,化学物質の濃度基準も地域ごとに異なって然るべきである.しかし,それは難しいかもしれない.全国一律の省略値を定めるのはよいとしても,本来ならば,リスク管理計画を定めたところは,管理計画で定めた基準を優先できるようにすべきであろう.野生鳥獣の捕獲基準や狩猟期間を定める鳥獣保護法においては,特定計画を定めた都道府県は,特定計画を優先できるようになっている.

　さらに,さまざまな分類群の中で9割の種について,生存率の減少が1割以下になるような環境基準を定める.すなわち,淡水魚を守るために,その餌生物の中で最も敏感な生物の生存率の減少が1割以下になるように定める場合もある.

　化学物質の影響がなくても減り続けているような生物の場合,先のトドの例でみたように,生存率1割の減少は大きな影響を与える.しかし,環境変化などの不運がなければ絶滅しない個体群の場合,通常は絶滅リスクはほとんどない.あるとすれば,もともと個体数が少ない場合である.

10.5 堰堤建設で重視されるべきこと

　ダムは猛禽類の生息地を永久に奪うかもしれない．しかし，愛知万博が猛禽類に与える影響は一時的なものである．当初はその跡地に住宅を作る計画があったから永久に奪われる状況にあったが，この計画が断念された後は，万博のための工事と開催中の営巣を妨げたとしても，猛禽の個体群にそれほど大きな影響があるとはいえないだろう．実際には，万博の主会場予定地だった瀬戸市の海上の森にオオタカの営巣が2000年に確認されたとき，万博は計画を改めたが，跡地に住宅を作る計画は変更なく進められようとしていた．そのために世界自然保護基金世界本部などが異議を唱え，パリの博覧会国際事務局が跡地利用計画の再考を促し，跡地利用計画は中止になり，愛知万博の主会場が長久手町に移ったのである．

　一方，ダム予定地にクマタカなど猛禽類の営巣が確認されると，ダム計画は大幅な修正を迫られるという現実もある．ダム予定地の猛禽類の調査と保全措置には膨大な予算が費やされる．また，絶滅危惧種のトドを追い散らすため，北海道ではトドが上陸していた岩場に爆音器を仕掛けているという．しかし，もしその近所に種の保存法に指定されたハヤブサの巣があれば，爆音は制限されかねない．絶滅危惧種のトドと漁業の共存を図るために，非致死的な方法で追い散らしているのに，絶滅危惧種ではないハヤブサの営巣を防ぐことの方が法的制約を受けるという皮肉な結果を招いている．

　1つがいの猛禽類の現在の営巣地を奪ったとしても，必ずしもその個体群の絶滅リスクが顕著に上がるとはいえない．そのリスクを評価しないままに計画が変更される．堰堤建設の是非は，本来は猛禽類よりもサケマス類などの回遊魚や下流河川の生態系に与える影響の方が重要であろう．そして，防災対策にもリスク管理の考え方が必要であり，個体群の存続などの生態系の保全も，やはりリスク管理に基づくべきものである．

演習問題

[31] ダムを撤去した後で洪水などにより下流域の住民に被害が出た場合，誰が責任をとるのか

chapter **11**

リスクを凌ぐ
魚の最適漁獲年齢

生物資源の乱獲には，親になる前に獲りすぎて次世代を残す機会を奪いすぎてしまう加入乱獲，成長する前に獲ってしまい十分な収穫を得られない成長乱獲がある．それらを統一的に把握し，持続可能な生物資源利用を達成するための理論を紹介する．同時に，さまざまな環境条件などの制約のもとで経済的な便益を最大にする方法論を提示する．

11.1 成長乱獲を防ぐ

　非定常生物資源は，毎年一定の漁獲圧をかけるべきではない．低迷しているマサバ資源も，1996年生まれは加入が多く，それなりにマサバ漁業は潤った．しかし，未成魚（0歳魚）のうちにたくさん獲ってしまった．このような漁業は，「多いときには徹底して獲り，減ってきたら禁漁する」漁業ではない．低水準期の卓越年級群は大事に成長を見守り，産卵を始めてから獲るべきである．
　これは資源が変動する浮魚だけでなく，安定した底魚にも当てはまることだが，未成魚を小さいうちに獲っていては漁獲量を増やすことはできない．たとえば，100gの未成魚を獲るより，それが1kgにまで成長してから獲る方が得である．成長までに自然に死ぬかもしれないが，その生存率が10%以上なら，やはり成長してから獲る方が得である．成長を待たずに若い魚を獲ることを成長乱獲（growth overfishing）と呼ぶ（松田 1995）．
　ところが持続可能な漁業のためには，さらに徹底した未成魚の保護が必要

である．仮に 100 g の未成魚が 1 kg の成魚になるまでの生存率が 20 %とする．100 g の未成魚は，獲らずに海の中を泳がせていれば，漁獲量への貢献の上でも，卵を産んで次世代に子孫を残す意味でも，潜在的に成魚の 2 割，つまり 200 g 分の価値をもつ．それを 100 g の未成魚の時点で獲れば，漁獲量への貢献の上では成魚の 1 割の価値はある．ところが，子孫を残す意味では全く貢献の機会を与えずに獲ってしまうことになる．

　開発と環境保全の関係は，その行為の産業面での利益（あるいは社会に与える便益）と環境の損失（あるいは損失を与える恐れ）の比を向上させる方策を上策と考える（中西 1996）．人が存在する限り，環境への負荷を皆無にすることはできない．できるだけ損失を減らし，便益を増やす方策を考えるのである．漁業においても，漁獲量を増やし，次世代に残す産卵数の目減りを減らす方針を考えるべきである．そのためには，未成魚を保護して成魚を漁獲することが有効である．ところがマサバ漁業では，未成魚を多量に漁獲していた．特に現在のように資源が減って成魚が少ないと，未成魚を獲る傾向が強い．1980 年代にはまき網漁業が多くの未成魚を獲り，たもすくい網漁業が産卵期の親魚を獲っていた．産卵期の親魚を獲るのも次世代の子孫を残す機会を奪うが，未成魚を獲る打撃の方がずっと大きい．

　未成魚を乱獲することが，成長乱獲と加入乱獲にどの程度の影響を及ぼすか，またどこまで大きくなるまで待ってから獲るのが効率的か，数学的には以下のように表される．

　現在（産卵期直前，漁期直後．したがって，前年生まれの 1 歳が最も若い．1 歳未満は漁獲されずに 1 歳を迎えるとする）の齢別個体数を N_a とする．齢別漁獲係数 $\{F_a\}$ で漁獲し続けたとする．自然死亡は $\{M_a\}$ で，体重は $\{V_a\}$，産卵数は $\{E_a\}$，密度依存性はないものとする．このとき，現時点の a 歳魚 1 尾あたりの割引価値 Y_a を以下のように定義する．

$$Y_a = \frac{1}{S_a} \sum_{x=a+1}^{a_{max}} S_x \left(V_x F_x + E_x Y_0\right) e^{-\delta(x-a)} \tag{11.1}$$

これは，a 歳の魚が来年以降生き延びてどれだけの収穫に貢献するかを表す．和は x 歳時の貢献を表し，そこまで生き延びる割合が S_x/S_a であり，括弧内

の第 1 項がそのとき漁獲される割合 F_a と漁獲された場合の割引価値（体重，魚価）$V_a e^{-\delta(x-a)}$ の積，第 2 項が x 歳時の産卵した子孫が将来漁獲される割引価値 $Y_0 e^{-\delta(x-a)}$ である．この式は右辺に Y_0 を含んでいるので，再帰的に定義されている．なお a 歳までの生存率は

$$S_a = g(N_0) \exp\left[-\sum_{x=1}^{a}(F_x + M_x)\right] \quad (11.2)$$

とする．ここで $g(N_0)$ は加入する 1 歳までの生存率で，密度効果を考慮して N_0 の関数とする．

割引価値 Y_a を以下のように分解する．

$$Y_a = H_a(\delta) + Y_0 R_a(\delta) \quad (11.3)$$

ただし

$$H_a(u) = \frac{1}{S_a} \sum_{x=a+1}^{a_{end}} S_x V_x F_x e^{-u(x-a)}$$

$$R_a(u) = \frac{1}{S_a} \sum_{x=a+1}^{a_{end}} S_x E_x e^{-u(x-a)} \quad (11.4)$$

ここで $u=\delta$ のときの $H_a(\delta)$ を収穫価（この魚が死ぬまでに獲られる収穫の割引価値）と呼ぶ．また，$u=r$ のときの $R_a(r)$ は繁殖価と呼ばれる．

式 (11.3) で $a=0$ とおいた $Y_0 = H_0(\delta) + Y_0 R_0(\delta)$ を解くことにより，0 歳魚の割引価値 Y_0 は以下のように表される．

$$Y_0 = H_0(\delta)/[1 - R_0(\delta)] \quad (11.5)$$

0 歳魚数 N_0 から将来得られる全収穫の現在価値 Ψ は

$$\Psi = N_0 Y_0 \quad (11.6)$$

と表すことができる．これを最大にする齢別漁獲方針 $\{F_a\}$ を求めたい．

$$\frac{\partial \Psi}{\partial F_a} = N_0 \frac{\partial Y_0}{\partial F_a} \quad (11.7)$$

$\partial Y_0 / \partial F_a$ は，以下のように表される．

$$\frac{\partial Y_0}{\partial F_a} = \frac{1}{[1-R_0(\delta)]} \left(\frac{\partial H_0(\delta)}{\partial F_a} + \frac{H_0(\delta)}{[1-R_0(\delta)]} \frac{\partial R_0(\delta)}{\partial F_a} \right) \quad (11.8)$$

ただし $x < a$ のとき

$$\begin{aligned}\frac{\partial H_x(u)}{\partial F_a} &= \frac{S_a}{S_x} e^{-u(a-x)} [V_a - H_a(u)] \\ \frac{\partial R_x(u)}{\partial F_a} &= -\frac{S_a}{S_x} e^{-u(a-x)} R_a(u)\end{aligned} \quad (11.9)$$

$x > a$ のとき,$\partial H_x(u)/\partial F_a = 0$ かつ $\partial R_x(u)/\partial F_a = 0$ である.また $\partial H_0(\delta)/\partial F_a = S_a e^{-\delta a}[V_a - H_a(\delta)]$ および $\partial R_0(\delta)/\partial F_a = S_a e^{-\delta a} R_a(\delta)$ より

$$\frac{\partial Y_0}{\partial F_a} = \frac{S_a e^{-\delta a}}{[1-R_0(\delta)]} [V_a - H_a(\delta) - Y_0 R_a(\delta)] \quad (11.10)$$

ここから,重要な結論が得られる.ある年に生まれた年級群とその子孫から得られる累積漁獲高の現在価値 Ψ を最大にする齢別漁獲方針 $\{F_a\}$ は,以下を満たす.

$$\begin{aligned}V_a - H_a(\delta) - Y_0 R_a(\delta) > 0 \text{ のとき } F_a = F_{max} \\ V_a - H_a(\delta) - Y_0 R_a(\delta) < 0 \text{ のとき } F_a = F_{min}\end{aligned}$$

これは以下のように解釈できる.V_a は a 歳魚を漁獲したときの利益,$H_a(\delta)$ は a 歳魚を「泳がせ」て将来大きくして獲るときの利益の現在価値の期待値,$R_a(\delta)$ は「泳がせ」た a 歳魚がそれから死ぬまでに産む産卵数,Y_0 は生まれた卵とその子孫たちから得られる利益の現在価値の総和である.もしも $V_a < H_a(\delta)$ なら,その個体を獲らずに大きくしてから獲った方が,その個体から得られる利益の現在価値を大きくできる.この条件のもとで漁獲してしまうことを成長乱獲という.もしも $V_a > H_a(\delta)$ だが $V_a - H_a(\delta) - Y_0 R_a(\delta) < 0$ なら,成長乱獲ではないが,その魚とその子孫たちから得られる利益の現在価値の和は,a 歳魚をその場で獲る利益よりも大きい.この条件のもとで漁獲してしまうことは加入乱獲にあたる.

11.2 加入乱獲を防ぐ

Y_0 または Ψ を最大にするような漁獲方針では，資源が定常に維持される保障はない．割引率 δ が大きければ資源を枯渇させる方が収穫の総和は大きく，割引率 δ が小さければ無限に資源を増やし続ける方が得である．内的自然増加率の定義により，出生時繁殖価 $R_0(r)$ は 1 に等しい．$r<0$ であれば，持続可能とはいえない．そのため，単に収益最大化ではなく，持続可能性という制約を課した上での収穫の現在価値 N_0Y_0 を最大にする方針を考える．定常状態 $r=0$ を考えればよい．今度は各齢の漁獲圧 F_a は独立には決められない．全体として $R_0(0)=1$ になるように決めなくてはならない．そこで，ラグランジュの未定乗数法を用いて，

$$L = N_0Y_0 + N_0\mu[R_0(0)1] = N_0\{Y_0 + \mu[R_0(0) - 1]\} \quad (11.11)$$

を最大にする漁獲方針 $\{F_a\}$ と μ を求める．この μ が未定乗数である．これは持続可能性という制約 $R_0(0)=1$ がもたらす卵の「影の価格」に相当する．

これより

$$\begin{aligned}\frac{\partial L}{\partial F_a} &= \frac{N_0 S_a e^{-\delta a}}{1-R_0(\delta)}[V_a - H_a(\delta) - Y_0 R_a(\delta) - \mu R_a(0)] \\ \frac{\partial L}{\partial \mu} &= R_0(0) - 1 = 0\end{aligned} \quad (11.12)$$

を満たす $\{F_a\}$ と μ を求めればよい．右辺の符号により最適漁獲方針は $\partial L/\partial F_a > 0$ なら $F_a = F_{max}$, $\partial L/\partial F_a < 0$ なら $F_a = F_{min}$ と決まる．すなわち

$$V_a > H_a(\delta) + Y_0 R_a(\delta) + \mu R_a(0) \quad (11.13)$$

なら $F_a = F_{max}$, 符号が逆なら $F_a = F_{min}$ である．不等式 (11.13) の右辺第 1 項は収穫価を表す．第 2 項は a 歳で生き延びた魚が死ぬまでに産む卵と，その子孫たちから得られる収穫の現在価値を表す．Y_0 は卵の将来の価値であり，いわば「表の価格」である．$\mu R_a(0)$ は持続可能性を満たすために必要な価値を表す．表の価格の現在価値が割引率 δ を用いているのに対し，影の価格は内的自然増加率 r が 0 であるから，割引率は考慮しない．

表 11.1　1993 年生まれのマサバ太平洋個体群の齢別資源尾数, 漁獲尾数, 産卵数の推定値

齢	推定資源尾数（千尾）	漁獲尾数（千尾）	漁獲係数 F（/年）	自然死亡係数（/年）	産卵数 m	体重（g）
0	1.9E+11			9.801		28
0.5	10,362,155	576	0.0003	0.4		66
1	8,482,514	1,379	0.0009	0.4		119
1.5	6,941,780	32,400	0.0261	0.4		183
2	5,609,800	632	0.0006	0.4		253
2.5	4,591,489	285,768	0.4245	0.4		324
3	3,040,223	4,314	0.0079	0.4	105,500	396
3.5	2,479,363	169,486	0.4792	0.4		464
4	1,597,427	4,988	0.0174	0.4	149,500	528
4.5	1,296,549	159,312	1.2956	0.4		587
5	555,384	765	0.0076	0.4	183,000	641
5.5	452,979	49,035	3.5841	0.4		689
6	61,793	28	0.0025	0.4	215,500	732
6.5	50,529	5,972	1.1708	0.4		770
7	23,037	57	0.0137	0.4	215,500	804
7.5	18,732	5,043	0.7	0.4		833
8	10,808					858

（Matsuda *et al.* 1999b より改変）

1993 年生まれのマサバ太平洋個体群（水産学用語では太平洋系群と呼ぶ）について, 最適漁獲方針を求める. 基本的な生活史係数は表 11.1 のように表される. 経済的割引率は 0.05/年である. 1 年を 48 に分割し, 年齢 a ($a = 0 \sim 8$), 季節 i ($i = 48a + 1 \sim 48a + 48$) ごとの漁獲係数 F_i を求める. 繁殖期は 3 月 1 日〜6 月 30 日（$i = 9 \sim 24$）で毎期の産卵数は均等に年間産卵数 m_a の 1/16 とする. 体重 $V(a)$ は $= 0.00584 a^{3.20742}$ として, 年内でも季節により成長すると仮定する. また, 満 8 歳ですべて死亡すると仮定する. 表 11.1 に示した漁獲尾数は実際の漁獲量の推定値で, 最適解ではない.

Y_0 と μ は, それぞれ $Y_0 = H_0(\delta)/[1 - R_0(\delta)]$ と $R_0(0) = 1$ を満たすように再帰的に与えられる. そのため, 最適解は Microsoft Excel 上では簡単には求められないが, その結果は図 11.1 のようになる. a 歳で獲ったときの価値 $V(t)$ よりも泳がせたときの価値 $H_a(\delta) + Y_0 R_a(\delta) + \mu R_a(0)$ が大きければその年齢その季節では漁獲せず, $V(t)$ の方が大きいなら最大の漁獲圧 F_{max}

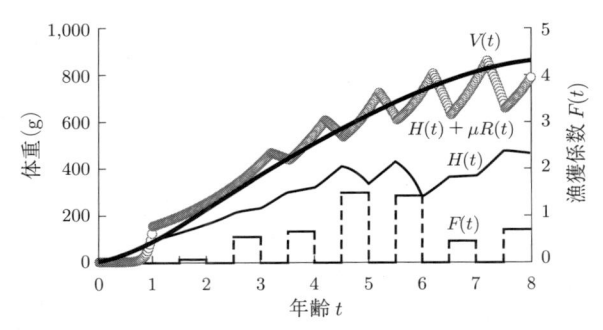

図 11.1 マサバ太平洋個体群 1993 年生まれのデータを基に描いた齢別季節別体重（$V(t)$），最適漁獲方針での収穫価（$H(t)$），不等式 (11.13) の右辺の値，実際の漁獲死亡係数．（Matsuda et al. 1999b より改変）

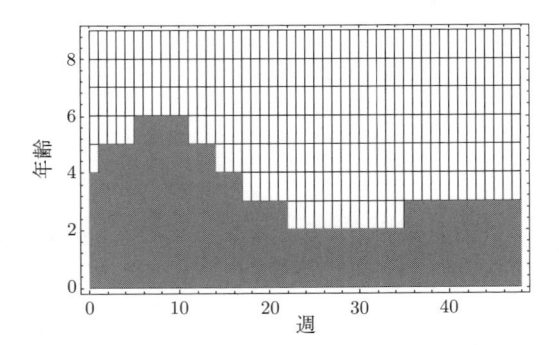

図 11.2 $F_{max} = 1.5$/年のときの最適齢別漁期．灰色の部分は漁獲せず，その上の白い部分が漁獲対象．（Matsuda et al. 1999b より改変）

で獲る．F_{max} を無限に大きくできるなら最適な年齢，最適な季節で 1 日だけ獲るのが最適だが，そうでなくても，それほど漁獲量が下がることはない．実際の漁業では，1–6 月に産卵場（伊豆諸島近海）で行われるたもすくい網漁業と，主に 7–12 月に索餌域（三陸，北海道東岸沖など）で行われるまき網漁業がある．月別の詳しい漁獲係数は示していないが，索餌期に獲り，産卵期に泳がせるという基本方針に近い．このあと，マサバ太平洋個体群はいっそうの低水準に陥り，産卵期の漁獲圧も増え，いっそうの乱獲状態に陥った．

最適漁獲による漁期は，図 11.2 に示すように，厳密には齢別に変わる．これを実現するには，たとえば月別峻別に 3 種類程度の編み目を用意し，1 月〜

2月第1週までと3月末〜第2週まで5歳以上，2月第2週〜3月第3週まで6歳以上，4月第3週〜5月第1週まで4歳以上，5月第2週〜6月半ばまでと10月はじめ〜年末まで3歳以上，6月第3週〜9月末まで2歳以上を漁獲すればよい．

しかし，実際にはこのようにきめ細かく編み目を変えることは設備投資もかさんで難しい．また，表11.1に示した初期死亡率，自然死亡率，産卵数などには推定誤差もあり，年によっても変化すると考えられる．したがって，あまり細かく制御する必要はなく，たもすくい網とまき網で漁獲開始年齢を変えること，たもすくい網の漁期を産卵期より早く1月より始めて，たとえば6月半ばまでとするなど，より大まかな体長制限，漁期制限でもよいだろう．

この解を求めるときに，$H_0(u)$ と $R_0(u)$ が u の単調減少関数であることを利用する．たとえば，持続可能性を考慮しない（$\mu = 0$ の）とき，$\delta > 0$ に対して $R_0(\delta)$ が1以上であれば，$R_0(0) > R_0(\delta)$ より $R_0(0) > 1$ であり，持続可能性は自動的に満たされることになる．この場合は最適解では $\mu = 0$ である．

まず価格 Y_0 と「影の価格」μ をある値に定める．a が最終齢 A なら $H_A(\delta) = R_A(\delta) = R_A(0) = 0$ だから $F_A = F_{max}$ である．$a < x$ であるすべての x に対して F_x が求められれば，$H_a(\delta)$ と $R_a(0)$ が定義より求められ，$V_a - H_a(\delta) - Y_0 R_a(\delta) - \mu R_a(0)$ の符号により最適な F_a が求められる．こうして齢 a を逆にたどれば，すべての年齢に対して最適な $\{F_a\}$ が求められる．ところが Y_0 と μ を適当に定めたので，$Y_0 = H_0(\delta)/[1 - R_0(\delta)]$ かつ $R_0(r) = 1$ になる保障がない．Y_0 が大きいほど，また μ が大きいほど漁獲は控えめになるので，こうして求めた $R_0(r)$ は，μ の単調増加関数である．もしも十分小さな μ と大きな μ でそれぞれ $R_0(r)$ が1以下と1以上ならば，$R_0(r) = 1$ を満たす μ はその中間にある．

もしも $r < 0$ のときに割引価値が最大になるなら，乱獲した方が割引価値が高くなることを意味する．その場合，持続可能性を考慮して $r = 0$ について上記の最適化問題を解くことになる．

こうして，効用最大化という通常の経済学の理論に加えて，持続可能性という環境の制約を課した場合の最適解の求め方は，制約付最適化という手法

で求められることがわかる．次節の式 (11.19) で述べるように，制約が複数あっても，それぞれの制約条件を加えたラグランジアンを定義すれば，解を数学的に求めることができる．

本項では，持続可能性という制約のもとで，ある年級群から得られる漁業収益の最大化を図る方法を例に，制約付最適化の理論を紹介した．

11.3 リスクは比較できるか？

2 つのリスクがあるとき，どちらが大きいかは常に比較できるわけではない．たとえば，ミナミマグロとシロナガスクジラの 30 年後に絶滅する確率は，後者が大きいといえるかもしれない．しかし，リスクは絶滅確率だけでなく，絶滅が人間社会に及ぼす影響は被害の大きさ（ハザード）にもよる．つまり，同じ絶滅リスクであっても，異なる種のリスクが比較できるとは限らない．第 12 章で取り上げるオジロワシの絶滅リスクと石油エネルギーの枯渇リスクなど，もっと次元の異なるリスクであれば，それらを直接比較することは難しい．

そこで，その生物が存在することによって得られる「生態系サービス」の価値を考える．すなわち，

$$U(E) = b(C(N(E))) - cE + d(N(E)) \tag{11.14}$$

ここで E は漁獲努力量，$U(E)$ は全体としての効用，$C(E)$ は努力量 E のときの漁獲量，$b(C)$ は漁獲量 C のときの収益（漁獲高），c は単に努力量あたりの費用，$N(C)$ は漁獲量が C のときの資源量 N，$d(N)$ は資源量が N のときの生態系サービスの価値である．第 7 章で扱ったように，外来種の場合には，$d(N)$ は負になるだろう．厳密には資源量は漁獲量だけでは決まらないし，漁獲量を変えても直ちに資源量が定常状態に変化するわけではない．これらは個体群動態モデルによって記述され，上記の効用を最大化する解は動的計画法によって求められる．動的計画法については，本章で簡単な例について紹介するにとどめる．

従来の水産資源理論では，生態系サービスの価値 $d(N)$ は考慮されず，漁獲

物の利益と漁獲費用のみを対比させてきた．わずかに，Matsuda & Abrams (2006) は漁獲対象種だけでなく生態系の構成種が絶滅しないという制約を課した効用最適化を検討した．その際，前記の関数形を用いて

$$U = p_i q_i E_i N_i - c_i E_i + d(N(E)) \tag{11.15}$$

とした．ここで p_i, q_i は種 i の魚価と漁獲効率である．

このように表せば，U を最大にする各魚種への努力量 E_i のセットを求めればよい．環境への配慮は，生態系サービスの価値を守るという経済価値に換算され，合理的な選択は効用最大化理論の枠組みで議論することができる．しかし依然として，生態系サービスが的確に経済評価できていなければ，この手法は使えない．そこで，ここでは**制約つき効用最適化**という手法を紹介する．いくつかの経済行為 E_i が与える生態系への負荷 $D_i(E_i)$ の総和 $\sum_i D_i(E_i)$ をある上限 D^* 以下に抑えるべきだとする．他方，それぞれの経済行為の利益を $B_i(E_i)$ とする．全体としての総便益 $\sum_i B_i(E_i)$ を最大にすれば，総負荷 $\sum_i D_i(E_i)$ が上限 D^* を超えるかもしれない．このようなときは，（ラグランジュの）未定乗数法を用いることができる．すなわち，ラグランジアン L を

$$L(\mathbf{E}) = \sum_i B_i(E_i) - \lambda \left[\sum_i D_i(E_i) - D^* \right] \tag{11.16}$$

と定義する．この λ を未定乗数といい，ベクトル $\mathbf{E}$ は各経済行為のセット $(E_1, E_2, \ldots)$ を表す．$\sum_i B(E_i) \leqq D^*$ という制約を満たした上で $\sum_i B_i(E_i)$ を最大にする解は

$$\frac{\partial L}{\partial E_i}=0 \ (E_i>0 \text{ のとき}) \quad \text{または} \quad \frac{\partial L}{\partial E_i}<0 \ (E_i=0 \text{ のとき}),$$
$$\text{かつ} \quad \frac{\partial L}{\partial \lambda}=0 \ (\lambda>0 \text{ のとき}) \quad \text{または} \quad \frac{\partial L}{\partial \lambda}>0 \ (\lambda=0 \text{ のとき}) \tag{11.17}$$

という連立方程式の解として得られる．ただし，

$$\frac{\partial L}{\partial E_i} = \frac{\partial B_i}{\partial E_i} - \lambda \frac{\partial D_i}{\partial E_i} \quad \text{および} \quad \frac{\partial L}{\partial \lambda} = \sum_i D_i(E_i) - D^* \tag{11.18}$$

である．本章で具体的な問題についての例を紹介する．式 (11.17) の 2 番目のタイプの解は，環境負荷が上限に達せず，自由に $\sum_i B_i(E_i)$ を最大化する場合の解に相当する．式 (11.15) や (11.16) では努力量 E_i に依存する生態系の定常状態のみを考えたが，定常状態に移行するまでの変動や不安定定常状態を考えるならば，動的計画法などより高度な最適制御理論の技法が必要になる．

具体的に解を得れば，λ はそれぞれの環境負荷の「影の価格」と解釈できる．D^* という制約条件は市場経済によって決まるのではなく，社会的合意によって選ばれるが，いったん環境負荷の上限 D^* が決まれば，上記の方法で制約つきの最適化解を求めることができ，λ によって制約を満たすために支払う対価を経済的に評価することができる．

制約は 1 つとは限らない．それぞれの経済活動 E_i に対して複数の種類 j の環境負荷 $D_{ij}(E_i)$ があり，それぞれに総負荷の上限の制約 D_j^* があるとき，やはり

$$L(\mathbf{E}) = \sum_i B_i(E_i) - \sum_j \lambda_j \left[\sum_i D_{ij}(E_i) - D_j^* \right] \tag{11.19}$$

というラグランジアンを考え，条件つき最適化を行えばよい．その解は式 (11.17) と同じであり，

$$\frac{\partial L}{\partial E_i} = \frac{\partial B_i}{\partial E_i} - \sum_j \lambda_j \frac{\partial D_{ij}}{\partial E_i} \quad \text{および} \quad \frac{\partial L}{\partial \lambda_j} = \sum_i D_{ij}(E_i) - D_j^* \tag{11.20}$$

である．やはり，それぞれの種類の環境負荷の影の価格 λ_j を評価することができる．

制約条件であるそれぞれの種類の環境負荷の上限を外部から与えるという「人為的」操作を認めるならば，この方法で，あらゆる環境保全措置は環境経済学の枠組みで定式化が可能である．また，制約を満たすことが難しい環境負荷ほど影の価格 λ_j は高騰し，それを満たすために利益 B_i を犠牲にすることになるだろう．こうして，異なる環境負荷を比較することができる．

生態リスクを論じる際には，環境負荷の大きさは決定論的には決められない．しかし，その期待値を評価することができるなら，環境負荷の期待値の

総和について社会的制約を課すことにすれば，前記と同様の定式化が可能である．こうして，異なる種類の生態リスクを比較することができる．

ただし，それが社会的に合意できる解となるかどうかは不明である．前記はそれぞれの制約が効用と無関係に，かつ複数の制約があるときには独立して与えられ，それぞれを満たすという条件のもとで解いている．そのため，1つの制約条件は十分ゆとりをもって満たされるが他方は極めて厳しい場合も，前者と後者を独立に満たすことになる．その兼ね合いを工夫したいならば，そもそも2つの制約のリスクを比較衡量していることになる．また，利益に対して制約がきつすぎるという場合も考えられるが，これも，利益と環境負荷を比較衡量していることになる．それが可能ならば，環境負荷を費用に換算し，効用の最大化を図ればよいことになるだろう．

さらに，この方法では，環境経済学に普遍的にみられる利益享受と負担配分の不均等が生じることを考慮していない．上記の場合にも環境負荷を守る行為と経済的便益を受けるものが一般に同じではない．環境を守ることによる利益を万民が等しく享受するわけではない．この負担配分の不均等を論じるならば，環境の価値を個々の利害関係者の利益として評価せざるをえないだろう．

演習問題

[32] 本章では各年齢の生存率や繁殖率を一定と仮定したが，環境により変動する場合はどうなるか？

chapter 12

リスクを比べる
風力発電と鳥衝突リスク

風力発電は，温室効果ガスの排出が少ないことで知られる，有力な新エネルギーの1つである．しかし，景観を損なうとの批判，希少猛禽類などの野鳥が衝突するとの批判から，日本では反対運動が盛んである．環境にやさしいはずの風力発電が鳥類に与えるリスクはどの程度なのか，それはどのように回避できるのかを，順応的リスク管理の観点から解き明かす．

12.1 いずれなくなる化石燃料

　化石燃料はいずれなくなる．人類が化石燃料を大量に消費しだしてから石炭でまだ200年程度，石油では100年に満たない．エネルギー資源の確認埋蔵量は石油，天然ガス，石炭，ウラン235でそれぞれ1,500億，1,260億，6,950億，451億toe（ton of oil equivalent：石油換算トン）と推定され，それぞれあと44年，63年，231年，73年で枯渇すると見積もられている（1998年の資源エネルギー庁資料より）．化石燃料資源は中東，ロシアなどに集中していて（図12.1），日本が調達する場合には安全保障上の問題も生じる．石油の可採年数は半世紀前から「あと40年程度」と言われ続けていたが，これは原油価格の値上がりにより海底油田などから原油を採掘しても採算がとれるようになったことと，新たな油田が発見されたことによる．しかし，1960年代以降には新たな大規模油田の開発はなく，今後は石油の確認埋蔵量は減り続ける．世界の原油生産量は今まで増え続けているが，今後は2025年までには減り始めると予測される．これを「石油ピーク仮説」という．

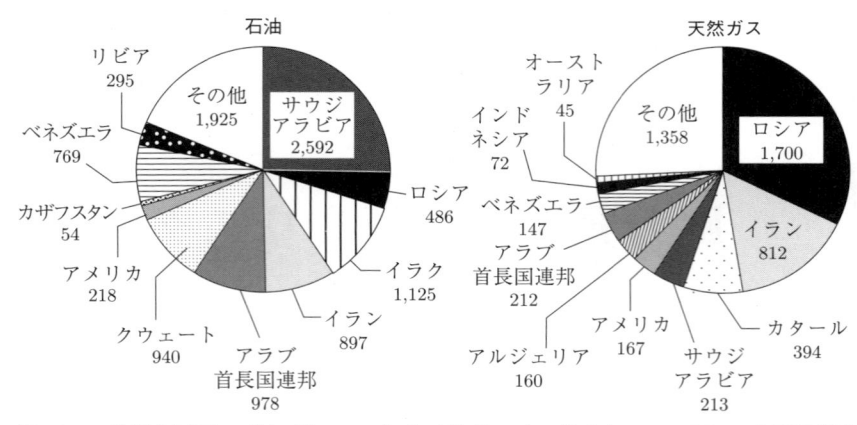

図 12.1 世界主要国の石油（億バレル）と天然ガス（10 億立方フィート）の確認埋蔵量（Oil Gas Journal 資料より）[*1]

さらに，化石燃料は地球温暖化問題を引き起こしている．2007年の気候変動に関する政府間パネル（IPCC）の第4次報告書概要では，地球温暖化が起きていることを断定し，それが温室効果ガスの排出など人為活動によるものであることをほぼ断定した．1992年の気候変動枠組み条約以来，予防原則によって取り組まれてきた温暖化対策は，2007年になって初めて科学的に十分確実なこととみなされたのである．

これに伴い，二酸化炭素排出量の削減は，世界で最も優先度の高い環境問題の1つとなった．温室効果ガスを排出しないエネルギーとして，原子力，バイオマス燃料，太陽光，地熱，そして本章の主題である風力などがある．火山と温泉の島であるアイスランドでは地熱発電が盛んである（図 12.2）．バイオマス燃料は植物が成長する段階で二酸化炭素を大気中から吸収し，それを燃やして排出するのだから，それ自体としては排出量はほぼゼロである．しかし，ブラジルで近年盛んになったトウモロコシなどを用いたバイオエタノール燃料のように，森林を伐採してトウモロコシ畑を作る場合には，森林伐採のときに大量の二酸化炭素が発生する．太陽光発電は，発電する際には温室効果ガスを全く排出しないが，電池を製造する際などに温室効果ガスを

[*1] http://www2.pf-x.net/~informant/toukei/worldoilgas.htm

図 12.2　地熱発電が盛んなアイスランド（筆者撮影）

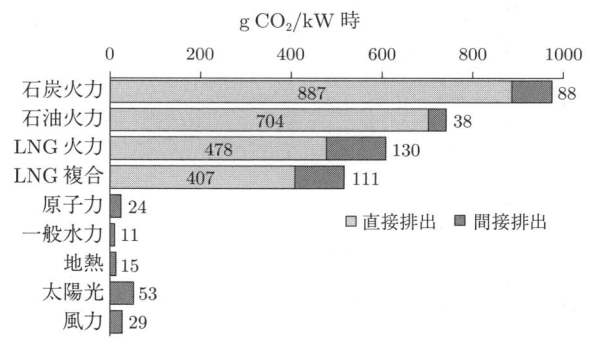

図 12.3　発電方法別の生活環評価による二酸化炭素排出原単位（Hondo 2005 より作図）

g CO_2/kW 時

発電方法	直接排出	間接排出
石炭火力	887	88
石油火力	704	38
LNG 火力	478	130
LNG 複合	407	111
原子力		24
一般水力		11
地熱		15
太陽光		53
風力		29

排出している．これを間接排出という．間接排出を含めた生活環評価（ライフサイクルアセスメント）によれば，太陽光発電や他の新エネルギーも，全く二酸化炭素を排出していないわけではない（図 12.3）．

　その中でも，風力発電（風発）は温室効果ガスの排出が少ないという点で，太陽光発電に優るが，原子力や水力には劣る．原子力は安全性など別の深刻な問題があり，化石燃料などと同様に有限な資源であることに変わりはない．水力は開発できる立地が限られており，生態系に与える影響は，第 10 章で説明したように，本章で論じる風力発電よりはるかに大きい．

12.2 風力発電の開発目標と発電費用

新エネルギーの開発は徐々にではあるが進んでいる．2002年に成立した「電気事業者による新エネルギー等の利用に関する特別措置法」（RPS法）により，日本でも新エネルギーの発電量を2010年までに122億kW時（総発電量の約1.35%）とするという数値目標が定められた．しかし，ドイツなどが全発電量の10%という数値目標を掲げているのに比べて，かなり少ない．太陽光発電に限ってみれば，日本はこれまで世界に先駆けていたが，2005年にドイツに追いつかれた．風発についてはドイツに比べて発電量が桁違いに少ない（図12.4）．日本の風発の発電量は2005年現在1,077万kWだが，2010年までに3,000万kWを目指すという数値目標がある．それが達成できたとしても，ドイツから12年遅れていることになる．このように風発を増やすためには，売電価格を上げること，売電量を大幅に増やすことが必要だが，後に説明するように，ともに不十分である．

図12.5を見ればわかるように，新エネルギーは化石燃料や原子力に比べて発電費用が高い．さらにこの図にはないが，バイオエタノール燃料の発電費用はすでに石油の1.5倍程度までに接近している（伊藤・本藤2007）．太陽光発電は発電だけでなく，熱も利用するなど工夫されている．

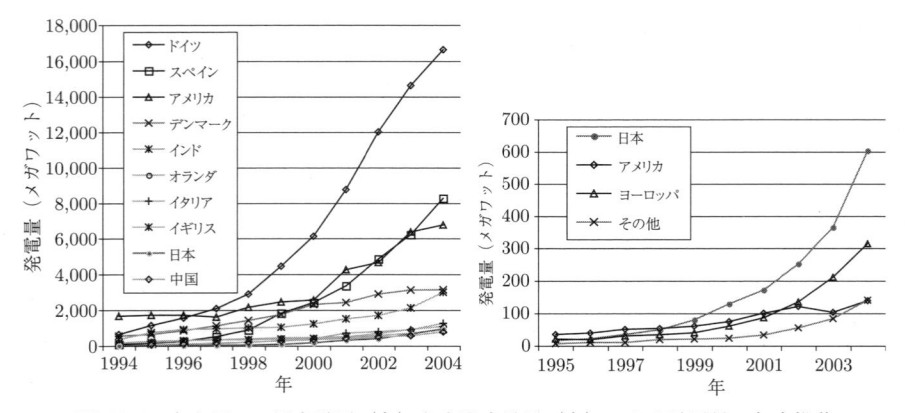

図 12.4 主な国々の風力発電（左）と太陽光発電（右）による発電量の年次推移

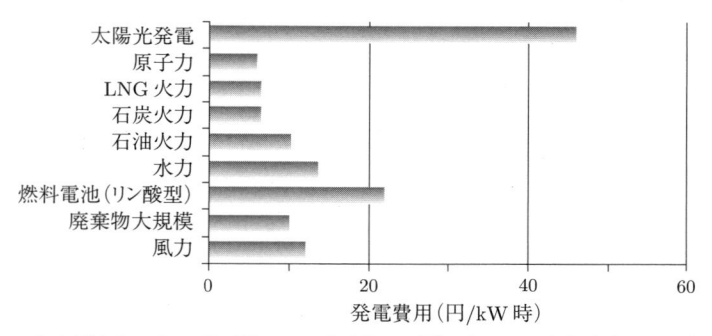

図 12.5 さまざまなエネルギー源による発電費用（新エネルギー庁報告書 2006 年[*2] より作図．バイオマスの発電費用は同庁 2006 年中間報告骨子案による[*3]）

国内外では，新エネルギーを導入するために，さまざまな政策をとっている．特に風発では，補助金が必要である．表 12.1 に示すように，補助金がなければ風発は採算がとれない．図 12.5 に示したように 1 kW 時で 10〜14 円程度の発電費用がかかるのに，日本の売電価格は約 10 円だからである．これは各地方電力会社に売る．風発は風速次第で発電量が変わるため，地方電力会社は大量の電力を風発に依存することを避けている．これは RPS 法の趣旨とは反対である．原子力発電も実際には事故などが発生して発電量が大きく変動する．風発はすぐに止めることができるという点では，火力や原子力に優る．風況が悪ければ発電できないという弱点はあるが，燃料電池や充電などに余剰電力を回せば，安定した電力を得られるはずであり，そのような研究も進んでいる．表 12.1 には，環境保全措置に要する費用が含まれていない．具体的な採算の分かれ目は個々の風車によって異なるが，採算性を維持したまま，環境保全措置にあてられる費用は，1,000 kW 程度の風車 1 基あたりせいぜい年額 100 万円程度といえるだろう．

[*2] http://www.meti.go.jp/report/downloadfiles/g10705bj.pdf
[*3] http://www.meti.go.jp/committee/ materials/downloadfiles/g60529a02j.pdf

表 12.1 風力発電 1 基あたりの収支の試算値

	単位	ケース1	ケース2	ケース3
売電価格	円	10	10	13
設備容量	kW	1,000	1,000	1,000
年間	日	365	365	365
時間	時	24	24	24
設備利用率	%	20%	20%	20%
①年間総収入	千円	17,520	17,520	22,776
環境保全費用	千円	?		
総建設費用	千円	250,000	250,000	250,000
建設補助率	%	26.6%	0.0%	0.0%
金利	%	4%	4%	4%
返済期間	年	17	17	17
②年間返済価格	千円	14,495	20,550	20,550
③年間維持管理費用	円/年	2,000	2,000	2,000
④損益（①－②－③）	円/年	1,025	−5,030	226

実際の収支は平均風速や立地条件により異なる（島田泰夫 私信）

12.3 風力発電の好適な立地

風力発電を建てるには，地上約 50 m での年平均風速が秒速 6 m 以上，できれば 7 m 以上が望ましいとされている．日本気象協会が作成した解像度 5 km での風況地図[*4] によれば，西日本では風況からみた好適な立地条件が少なく，北海道には多いことがわかる．ただし，より細かくみると，風況地図で風が弱いとされた地域でも，局所的に平均風速の高い地点があるだろう．

また，国立公園，国定公園，県立公園などの自然公園での風発の建設が制限されていることも，日本で風発が進まない原因の 1 つである．日本の自然公園は全国土（陸域）の 9.1%を占めているが，その約 60%は風速秒速 6 m 以上と推定されている（長井・世良 2005）．自然公園の中は希少猛禽類の生息地の近くばかりではない．全土の 9.1%の地域を一律に風発の立地から除いてしまうことは，それ以外の場所での風発の立地にその分だけ無理が生じることになる．

風発の適地とは，説明した風況のほかに，非住居地であること（騒音問題），

[*4] http://app2.infoc.nedo.go.jp/nedo/index.html

送電線が近くにあること，風車の羽や塔を運ぶための道路があること，土地を借りるか買い取れること，自然公園など規制区域でないこと，それらを総合した経済性と，景観への影響，さらに鳥が衝突するリスクの高い地域でないなどの環境への影響が少ないことが条件になる．これらを総合的に判断する必要がある．現実には，景観と鳥衝突リスクが各地で大きな問題とされ，反対運動が起きている．はたして，どれだけ鳥衝突のリスクがあるのだろうか，この問題をリスクの科学の観点から解き明かす．

12.4 人工建造物による鳥の事故死リスク

風発は風速の強いところに立つが，それが渡り鳥の移動経路や生息地の近くにあたることがある．その結果，希少猛禽類などが衝突する事故死の事例が報告されている．そのため，野鳥保護団体が反対運動を起こしている風発建設予定地が数多くある．

海外でも野鳥保護の観点から風発に反対または計画変更を求める動きがある．しかし，すべての風発に反対するものではない．たとえば米国最大の自然保護団体といわれるオーデュボン協会は「われわれが地球温暖化汚染を減らす方法を見つけられなければ，風力タービンよりはるかに多くの鳥と人々が気候変動に脅かされる」と述べている[*5]．世界自然保護基金（WWF）も同様の主張を行っている．

温暖化対策の重要性はさておき，風車の鳥衝突リスクは，他の人工建造物に比べて高いとはいえない（表 12.2）．たとえば越冬期にシベリアから宗谷岬に飛んで来るオオワシやオジロワシの風車による鳥衝突は，冬の宗谷岬での見回りが困難なため，発見されたもの以外にも衝突例があるかもしれないが，表 12.2 は発見率が 1 より低いことを考慮した推定値である．

鳥の個体群に与える影響は，問題となる鳥の個体数と自然増加率による．オジロワシやマガンなどの天然記念物が風車に衝突する恐れがある場合，文化庁は，個体群への影響を心配しているというよりは，鳥の衝突そのものを

[*5] http://audubonmagazine.org/features0609/energy.html

表 12.2　人工建造物による鳥類の事故死

項目	死亡する鳥類個体数	備考
自動車	6,000 万〜8,000 万羽	道路総延長 400 万マイル
建物・窓	9,800 万〜9 億 8,000 万羽	450 万のビルと 9,350 万の住宅
送電線	数万〜1 億 7,400 万羽	送電線総延長 50 万マイル
通信鉄塔	400 万〜5,000 万羽	80,000 鉄塔
風力発電	1 万〜4 万羽	15,000 施設

(島田 2006 より改変)

問題にしている．衝突をゼロにはできないが，衝突リスクを下げる努力をすることは可能である．

12.5　風力発電の鳥衝突リスク評価

　風車にどれだけ鳥が衝突するかを事前に予測するには，風車設置予定地を建設前に，風車の立つ位置から風車の翼長を半径とする球形内を通過する鳥の種と個体数を，野鳥観察員が定点から数える．計画地とその周辺について，観察員が定点から見える視野の広さ，高度，観察日と時刻を記する．それらを基に，年間の風車内通過個体数を推定する．

　風車が立った後は，鳥はある程度風車を避けると考えられる．佐田岬では，渡り鳥の飛行経路が風車建設後に変わったことが記録されている．ガンカモ類の餌場に風車を建てたとき，風車近くの餌場を利用しなくなったという報告がある．風車の機種にもよるが，300 m 以内では住民との騒音問題も起きている所がある．餌場を利用しなくなることは，鳥衝突にはつながらなくても，繁殖率や環境収容力に負の影響があるかもしれない．移動経路が変われば，渡りにその分だけ労力がかかるなどの負の影響があるかもしれない．

　昼間，風車を視認できるときには，鳥は風車を避けると期待できる．機種にもよるが，3 枚羽の 2,000 kW 程度の風車の場合には 2.5 秒から 4 秒程度で 1 回転する．遠方から視認すれば，風車をすり抜けることも可能だろう．風車の立地になる草原や荒れ地は猛禽類の餌場であり（図 12.6），発見した餌に集中しているときなどは，衝突する可能性があるし，現に衝突死が起きて

図 12.6 米国アルタモント風力発電基地の風車と接近する猛禽（右端の風車の支柱付近）
（撮影：魚崎耕平氏）

いる．

　デンマークの洋上風発基地では，レーダーを使って渡り鳥の飛行経路を群れごとに把握した．高度は不明だが，風車設置前後で施設内を通過するガンカモ類は 40.4% から 4.5% に減少し，設置後に風車塔から半径 50 m 以内に入り込む個体は全体の 0.6% という（Desholm & Kahlert 2005）．これから，風発施設を避ける確率は 89%，施設に入り込んでも風車 1 基あたり 92% 避けると試算される．また，目をつぶって風車の羽根の届く球形内に飛び込んだとき，衝突する確率はだいたい 11% 程度と見積もられる．

　あわら市の風力発電施設計画地は，ラムサール条約登録地の片野鴨池と，そこに越冬するマガン，ヒシクイなどの餌場である坂井平野の間に位置する．毎日朝夕 2 回，2,000 羽以上の越冬個体がほぼ毎日片野鴨池と餌場の間を往来する．ただし，大半は風発計画地の南東の北潟湖上空か（図 12.7），さらに南東側（まれに計画地の北西）を飛ぶ．

　マガン 1 回のねぐらと餌場の移動につき，1 羽あたりの衝突確率 p は，風発予定地上空を通過する確率 P_1，風車の高さを飛ぶ確率 P_2，風車 5 基を潜り抜けられない確率 P_3 の積である（Band et al. 2007）．

　事前の調査によると，往来するマガンが計画地をかすめる頻度は 103 回中 2 回であった．それも 3,000 羽全部が通過するのではなく，平均 200 羽程度である（1 羽あたりにして $P_1 = 0.11\%$）．高度については，風車の高さ（地上 30–110 m）を飛ぶ確率 P_2 は 133 回中 105 回（79%）であり，予定地の断面

図 12.7 北潟湖上空を飛ぶマガンの群れ．あわら風力発電施設計画地より．背景の田園風景と合わせ，雄大な眺めであり，越冬期間の半年間はほぼ朝夕決まった時刻にこの光景を見ることができる．（撮影：松田研究室 杉本寛氏）

積は $80,000\,\mathrm{m}^2$ であり，風車 1 基の断面積は $5,027\,\mathrm{m}^2$ である．それが 2 列 5 基，計 10 基建てられる．無作為に飛んだときにどの風車にも衝突しない確率 $1-P_3$ は，全体として $(1-0.11\times 5027/40000)^5 = 92.1\%$ と推定される．前記のデンマークの事例で風車を避けることを考慮すると，どの風車にも衝突しない確率 $1-P_3$ は $[1-(1-0.922)\times 0.13\times 5027/40000]^5 = 99.34\%$ と推定される．よって $p = P_1P_2P_3$ は，風車を避けない場合には 0.0081%，避ける場合には 0.000072% となる．

マガンは隊列を組んで飛行するが，風車に遭遇したときには隊列が崩れるだろう．個体ごとに独立して，上記の確率で衝突すると仮定すると，ある 1 羽が半年間朝夕約 360 回一度も衝突しない確率は $(1-p)^{360}$ であり，避けない場合と避ける場合でそれぞれ 16% と 2.6% となる．

これより越冬期間中に 3,000 羽のマガンのうち，風車を避けない場合は 87 羽，避ける場合は 0.78 羽が衝突すると予測される．つまり，風車を避けない場合に年間死亡率は 2.6% に相当する．個体群が絶滅するほど高いとはいえないが，マガンは天然記念物であり，社会的には容認しづらいだろう．

個体群に影響する衝突数の上限は，第 9 章で紹介した海獣類の PBR（生物学的潜在駆除数）を援用すれば求められる．片野鴨池のマガン個体数は 3,000 羽，自然増加率は不明だが低めに見積もって 12% とし（これはトドの値であり，世代時間が短いマガンはさらに高いものと思われる），全国規模では急激

に増加しているが，特別天然記念物であることを考慮して安全係数を 0.5 とおくと，$3000 \times 0.12 \times 0.5 \times 0.5 = 90$ 羽となる．衝突死以外に目立った人為死亡率は知られていないことから，これが衝突死数の上限とみなすこともできるだろう．これより低い衝突死数に抑えるということは，絶滅危惧種のトドに比べて手厚い保護をとることを意味する．個体群への影響を憂慮する声はほとんどない．

　実際に何羽衝突するかはこの前提の妥当性次第であり，風車を建ててみなければわからない．他のリスク管理と同様，事前の予測の精度には限界がある．上記の計算は，風車が常に鳥に対して正面を向いていると仮定している．また，上記の上空通過頻度には，施設予定地の角をかすめた場合も含まれている．したがって，衝突リスクはこれより低いだろう．そのため，もしも想定以上に衝突した場合に，衝突リスクを下げるための保全措置を事前に準備することが望ましい．あわらの風発計画では，衝突死が相次ぐ場合には，朝夕のマガンの飛来を監視し，風発施設上空を通過する場合には風車を止めることを視野に入れている．風車は 1 分程度で停止できるため，マガンが北潟湖でなく施設上空を通過するとわかってからでも止めることができると期待される．2 万 kW 時の施設を 1 回につき 30 分停止するとして，売電価格が 10 円/kw 時とすれば，最大出力を仮定してもおよそ 10 万円の損失になる．年間の設備利用率（通常 30%程度）にもよるが，年に 10 回程度ならば許容範囲だろう．

　このように，リスク評価を行うときに，未実証の前提を用いることは多々ある．それを補うためには 2 つの方法がある．1 つは，さらに安全率を見込んで対策をたてる場合がある．たとえば，化学物質濃度の環境基準や食品の 1 日耐用摂取量（TDI）を設けるときには，リスク評価で得られた濃度よりも 1/10 の低い濃度を基準値として定めることがある．このとき，「10 倍の安全率を見込む」という．しかし，いくつもの未実証の前提を用いるときには，さらに 100 倍や 1,000 倍の安全率を見込むこともある．対応可能な対策ならばよいが，非現実的に厳しい基準となる場合もある．

　そのようなときに有効なもう 1 つの方法が，順応的管理である．前記のあわら市に計画した風力発電の鳥衝突対策もその 1 つである．鳥の衝突リスク

は実際に建設してみないとわからないことが多いが，事後に見回り，実際に衝突死が起きているかどうかを調べればよい．10基以上風車がある施設では，建てた位置により，鳥が衝突しやすい風車がある．たとえば1,000基以上の風車がある米国アルタモントの風発施設群では，端の風車が当たりやすく，そこだけ支柱を残して羽を撤去した例がある．今後衝突死の発見例が蓄積すれば，より確度の高いリスク評価ができるだろう．あわら市の風発施設は農地の中にあり，住民の目にも触れ，衝突死の発見率はかなり高いものと期待される．また，衝突死のほとんどは朝夕のマガン移動時の各30分前後に集中すると思われる．鳥が移動経路を変える「負の影響」も，日常の移動経路の大半が施設上空でなく，北潟湖上空であることから，それほど大きなものとはいえない．施設上空を飛びやすい風向や天候などの知見がわかれば，それも対策に役立てることができる．他の風発施設に比べても，事後の対策がたてやすい施設である．

12.6　鳥衝突の順応的リスク管理モデル

前節では鳥の衝突リスクを評価したが，個体群への影響は検討していない．鳥衝突の本来のエンドポイント（影響評価点）は1羽の鳥の衝突死ではなく，個体群の存続である．ただし，前節の片野鴨池の場合には，ラムサール条約登録地である片野鴨池の越冬個体群がよそに移動せずに確保されることも重要なエンドポイントかもしれない．地球温暖化が進めば，マガンが他の越冬地である南北朝鮮国境地帯などにとどまり，日本まで南下してこない可能性も考えられる．なお，日本の東北地方に飛来するマガンは，サハリンから南下するという（Takekawa $et\ al.$ 2000）．

ほかの事故死の方がはるかに多いため，風発の衝突死が鳥個体群に与える影響はわずかである．その影響を評価するために，以下のような個体群動態モデルを考える．要点をわかりやすく説明するため，実際に北海道で衝突死しているオジロワシ個体群のリスク管理に用いた齢構成モデルよりも簡略化している．

年 t のオジロワシ個体数を $N(t)$ とする．その個体数変動が以下の式で表

せるとする.

$$N(t+1) = \exp[r(t) - aN(t)]N(t) - S(t) \tag{12.1}$$

ここで $r(t)$ は年 t の内的自然増加率, a は密度効果, $S(t)$ は風発へのオジロワシの衝突数とする. 衝突以外の事故などは自然変動に含めて考え, ここでは風発事業者が制御可能な衝突死のみを別に考える. 衝突死の数は個体数と設備利用率に依存し

$$S(t) = \mathrm{Critbinom}[N(t), sq(p(t)), \xi_s(t)] \tag{12.2}$$

と表せるとする. ここで右辺の Critbinom は試行数が $N(t)$, 1 羽あたりの衝突率が $sp(t)$, の 2 項乱数を表す. s は平均衝突率, $q(p(t))$ は衝突係数で, 設備利用率 $p(t)$ の関数であり, 以下では $q(p) = 4(1-p)$ と仮定した. また $\xi_s(t)$ は Microsoft Excel ファイルで引く 0 から 1 の一様乱数である. 平均衝突率 s は不明だが, 以下では 0～0.1 までの一様乱数で与える. 設備利用率と衝突係数の関係は, オジロワシが衝突するのがほぼ越冬期間中の昼間に限られるとすれば, この期間 (全体の 1/4) だけ風車を止めれば, オジロワシの衝突死をほぼ 0 とおけるとみなせることによる.

実際の個体数は正確に推定できない. また, 衝突死数も全部はわからない. そこで, 推定個体数 $\tilde{N}(t)$ と衝突死発見数 $\hat{S}(t)$ が以下のように推定されると仮定した.

$$\begin{aligned}\tilde{N}(t) &= \mathrm{Norminv}[\xi_n(t), \beta N(t), \sigma_N] \\ \hat{S}(t) &= \mathrm{Critbinom}[S(t), f, \xi_f(t)]\end{aligned} \tag{12.3}$$

ただし Norminv は平均 $\beta N(t)$, 標準偏差 σ_N の正規乱数 ($\xi_n(t)$ は 0 から 1 の一様乱数) であり, β は推定値の偏りである. また発見数は衝突数 $S(t)$ のうち発見率を f とする 2 項乱数 ($\xi_f(t)$ は一様乱数) である.

設備利用率を, 以下のように順応的に調節すると仮定する. まず, 衝突発見数が PBR ($600 \times 0.12 \times 0.5 \times 0.5 = 9$ 個体) より多いときは, 利用率を前年の 8 割に下げるとする. これは, 風車によるオジロワシ個体群への影響が許容水準を超えており, 利用率を下げる必要があるという方針による. また, 前年の個体数推定値が 600 頭を下回るときは衝突係数 $q(p)$ を $\mathrm{Max}(0, 1 - 3[\langle \tilde{N}(t) \rangle / 600])$

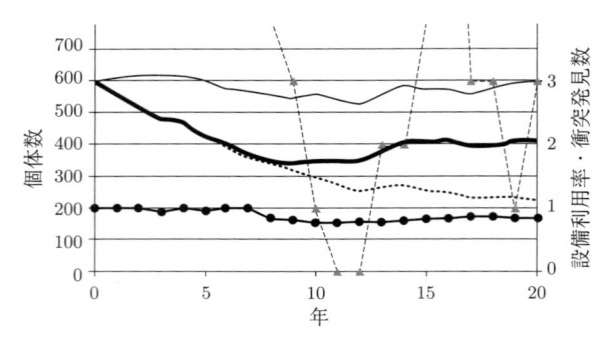

図 12.8 風発施設の順応的管理によるオジロワシの個体数変動の試行実験の一例．初期個体数は 600 個体で，細線は風車による衝突死がない場合，太線は設備利用率を順応的に管理した場合，点線は常に設備利用率を 1 とした場合．▲は衝突発見数，●は順応的リスク管理における設備利用率を表す．

に下げる．ここで $\langle \tilde{N}(t) \rangle$ は過去 3 年間の推定個体数の平均値を表す．すなわち，近年の推定個体数が 400 個体以下になったときには衝突を 0 にするべく，設備利用率 p を 75% に下げる．これは，減りつつある個体群への影響を下げる措置である．

その結果の一例を図 12.8 に示す．風車による衝突死があれば（太線），ない場合（細線）に比べて個体数は確かに少なくなる．しかし，衝突が続く場合でも，利用率を順応的に制限すれば，制限しない場合（点線）に比べて個体数の減少を避けることができ，結果として個体群の減りすぎのリスクを減らすことができる．この例では，設備利用率は最低 75% まで下がるが，そこまで下げれば，オジロワシの衝突リスクをほぼ 0 にすることができる．

計算の詳細を表 12.3 に示す．これは本書のウェブサイト（p.16 脚注）から落手できる Microsoft Excel ファイルの一部である．順応的リスク管理モデルを作るときには，まず，真の個体数 $N(t)$ と衝突数 $S(t)$ の変動を記述するだけでなく，それらを直接管理政策に用いるのではなく，真の個体数を知らないふりをして，個体数推定値 $\tilde{N}(t)$ と発見数 $\hat{S}(t)$ に応じて方策を変えるモデルを作らねばならない．これは第 4 章の漁獲可能量制度でも用いたやり方である．

次に，(A) 風車がない場合，(B) 風車の設備利用率を順応的に変える場合，

表 12.3 オジロワシの衝突リスクの順応的リスク管理の計算例

	A	B	C		B	C						
t	$N^*(t)$	$N(t)$	$N_c(t)$	$r(t)$	$S(t)$	$S_c(t)$	ξ	$\tilde{N}(t)$	平均	$S(t)$	$q(p(t))$	$p(t)$
0	600	600	600	0.139	28	28	0.635	682		7	100%	100%
1	615	587	587	0.085	34	34	0.949	667		13	100%	100%
2	595	537	537	0.113	20	20	0.222	610	653.0	7	100%	100%
3	595	523	523	0.177	16	16	0.053	595	624.0	3	100%	100%
					⋮							

A：風車がない場合, B：風車の設備利用率を順応的に変える場合, C：風車を常に 100% 稼働し続ける場合の 3 つのシナリオを比較したもの.

(C) 風車を常に 100% 稼働した場合を比較する.(B) が (C) より鳥の衝突数を上まらない方が比較がはっきりするので,図 12.8 と表 12.3 では同じ一様乱数 ξ を用いる.表 12.3 で $N^*(t)$ では鳥衝突がないときの個体数変動を記し,$N(t)$ では衝突数が $S(t)$,$N_c(t)$ では衝突数が $S_c(t)$ としている.この 3 者を比べることにより,風車というリスク因子がない場合,順応的リスク管理をした場合としない場合を比べることができ,風車は不確実性を考慮すればオジロワシ個体群へのリスクがないとはいえないが,順応的管理によってそのリスクを減らし,個体数を 400 個体以下には減らさないようにできることが示される.

設備利用率を下げれば,採算割れする経営リスクが生じる.島田・松田 (2007) によれば,経営リスクは売電単価にも依存し,9 円/kw 時であれば採算割れのリスクは高いが,11 円/kw 時であればそのリスクはほとんど 0 になるという.

家庭での売電価格は約 20 円/kw 時だから,売電価格を引き上げれば風発事業者は採算割れの経営リスクなしにオジロワシの衝突リスクを下げる対策をたてることができる.しかし,売電価格が安ければ,風発事業者は生態リスクと経営リスクの両方を下げることが難しくなる.

本章では,風力発電という新エネルギー源を取り上げ,鳥衝突の生態リスクの評価方法とその回避政策としての順応的リスク管理方策を提案した.現在,風発事業は民間に依存している.売電価格など,さまざまな誘導政策が

日本は大幅に遅れると同時に，自然保護団体が1羽でも衝突することに反対を表明するため，合理的な対策を困難にしている．リスク管理モデルは合理的な合意形成を促す上で極めて重要である．

演習問題

[33] 地球温暖化が大きな問題ではないとすれば，風力発電は不要か？

chapter **13**

リスクを御する
エゾシカの保護管理計画

エゾシカは百年前には絶滅の恐れがあり，長年保護されてきた．近年は爆発的に増え，深刻な農林業被害と自然植生の食害を起こしている．北海道では，個体数や自然増加率の不確実性，放置しても変動する非定常性に備えた順応的リスク管理により，エゾシカの保護管理計画を進めている．個体数推定値の修正など，エゾシカ管理計画で経験したさまざまな教訓を紹介する．

13.1 ニホンジカの大発生

近年，全国各地でニホンジカが増えている．北海道にいるニホンジカ（エゾシカ）の捕獲頭数と最近の被害額の年変動を図13.1に示す．明治時代には大量に捕獲されて激減し，1878年と1902年に豪雪による大量死も重なり，1920年から長らく禁猟が続いていた．20世紀半ばから農林業被害が目立ち始め，1957年から雄の有害駆除と狩猟が解禁され，捕獲数が増え始めた．その後は，指数関数的に捕獲数が増え始め，1980年に雌の駆除が始まり，1994年から雌の狩猟が解禁された．全国的にも，2007年からは雌が狩猟獣になっている．

ニホンジカが増えた理由はいくつかあるが，根本的には，内的自然増加率の高い野生生物ということがある．ニホンジカは2歳から繁殖を開始し，毎年1頭ずつ繁殖し，雌成獣の自然死亡率は年5％以下とみられている．20歳程度まで繁殖し続けるから，老化の影響は顕著ではない．そこで，以下のよ

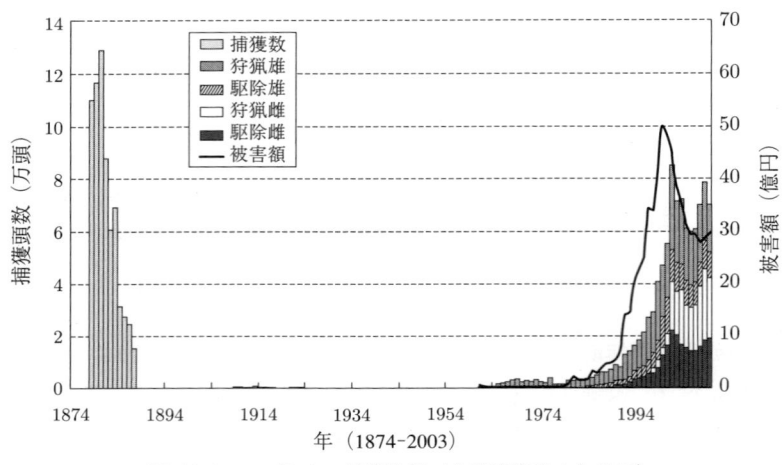

図 13.1 エゾシカの捕獲統計（北海道資料より作図）

うな個体群動態モデルを考える．

$$\begin{pmatrix} N_c(t+1) \\ N_f(t+1) \\ N_m(t+1) \end{pmatrix} = \begin{pmatrix} 0 & 2r(t)L_f(t) & 0 \\ L_c(t)/2 & L_f(t) & 0 \\ L_c(t)/2 & 0 & L_m(t) \end{pmatrix} \begin{pmatrix} N_c(t) \\ N_f(t) \\ N_m(t) \end{pmatrix} \quad (13.1)$$

ただし，$N_c(t)$, $N_f(t)$, $N_m(t)$ はそれぞれ t 年における幼獣，雌成獣，雄成獣の個体数で，秋（交尾期）に計測する．$2r(t)$ は母1個体あたりの年繁殖率で，そのうち半数 $r(t)$ は雌が生まれ，$L_c(t)$, $L_f(t)$, $L_m(t)$ はそれぞれ幼獣，雌成獣と雄成獣の年生存率を表す．幼獣の性比は1：1と仮定した．母親が死ぬと子供も死ぬため，1個体の親が残す子供の数は $2rL_f$ となる．これらの係数はいずれも年変動すると仮定し，豪雪年には大量死すること，管理方針による捕獲率の変動も考慮する．

すべての係数が年変動しない定数と仮定して，長期的な個体数増加率を求める．短期的な増加率は初期個体数 $(N_c(0), N_f(0), N_m(0))$ によるが，係数が定数なら，$N_c(t)$, $N_f(t)$, $N_m(t)$ の相対比率（個体数組成）は一定の安定分布に収束する．3×3 の行列をそのまま用いてもよいが，雄は増加率に無関係なので，

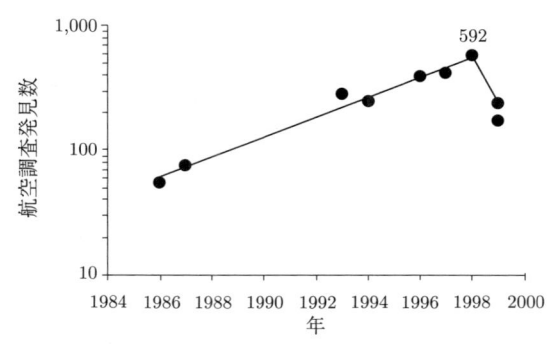

図 13.2 知床岬のヘリコプター調査による個体数推移（湯本・松田編 2006 より作図）

$$\begin{pmatrix} N_c(t+1) \\ N_f(t+1) \end{pmatrix} = \begin{pmatrix} 0 & 2rL_f \\ L_c & L_f \end{pmatrix} \begin{pmatrix} N_c(t) \\ N_f(t) \end{pmatrix} \quad (13.2)$$

という，係数が定数の2×2の行列を考えればよい．この行列の固有値は2次方程式$x^2 - L_f x - rL_f L_c = 0$の解より$[L_f \pm \sqrt{(L_f^2 + 4rL_f L_c)}]/2$である．たとえばエゾシカでは$r = 0.45, L_f = 0.95, L_c = 0.7$とおくと，年19.9%で増えることになる．4年で約2倍，10年間で6倍以上に増える．実際に，世界遺産に登録された知床半島では，20世紀半ばには地域個体群がいったん消滅して1970年に再分布したとみられているが，その最大の越冬地である先端部の知床岬では，越冬期に草原の平地上に密集しているためにヘリコプターで容易に数えることができる．その継続的な航空調査の結果によると，1986年に54頭だった越冬群は1998年には592頭に達し，その後は大量死などによる自然崩壊が起きたという．1986年から1998年までの個体数増加率は年20%にも達する（Kaji *et al.* 2005）（図 13.2）．

半世紀前には絶滅が危惧されていたが，今では天然林の樹皮剥ぎ，農業被害，固有植物の食害など，人と自然植生に多大の影響を与えている．したがって，ニホンジカの大発生は，現代だけの問題ではない．古文書を見ても，古くからニホンジカが畑を荒らすことがあり，シカよけの工夫がなされていたことがわかる（湯本・松田編 2006）．

シカが最近増えたもう1つの理由は，保護政策をとっていたためである．少なくとも新石器時代から，日本でもシカは狩猟対象だったとみられる．そ

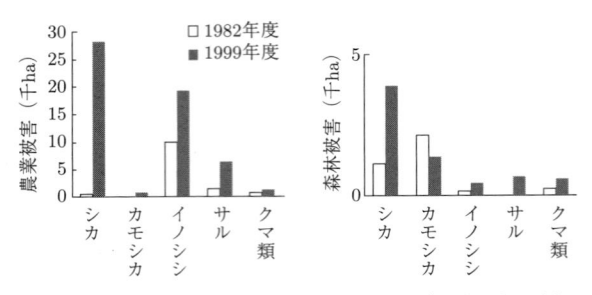

図 13.3 野生鳥獣による全国の農業被害と森林被害（湯本・松田編 2006 より）

れが，鳥獣保護法でシカが全国的に保護獣に指定されて以来，シカの死亡率が減り，個体数が増え始めた．同時に，中山間地の過疎化，耕作放棄などがあげられる．その結果，シカの餌環境が改善された．また，過疎化自体がシカの捕獲圧の低下を招いたと考えられる．さらに，林道などをシカが自由に行き来できるようになり，個体数増加が広域に波及するようになったといわれている．

さらに，戦後の拡大造林政策によるスギ林の増加，天然林などの皆伐，牧草地やゴルフ場の造成などによる草地増加が，シカにとって好適な越冬場所，餌環境を増やしたことがあげられる．また，天敵であるニホンオオカミが絶滅したこともシカ増加の原因といわれることがある．しかし，屋久島などもともと天敵不在の地域でも，シカの増加は最近のことであり，狩猟の激減の方が死亡率減少に大きく寄与していたとみられる．

北海道のエゾシカだけでなく，ニホンジカは全国的に増えている．環境省の自然環境保全基礎調査（いわゆる緑の国勢調査）によれば，ニホンジカの棲息が報告された区域（国土地理院の2万5千分の1地図をさらに4等分した一辺約5 kmの区画．全国で約1万7千ある）は1976年の4,220カ所から2003年には7,344カ所に増えている．全国の農業被害，森林被害をみても，1982年度には少なかったシカの被害が，1999年度には鳥獣被害の中で最大の問題になっている（図 13.3）．

このような問題が起きてから，1999年に鳥獣保護法が改正された．今まで全国一律に定められていた狩猟規制などを，地域の問題に柔軟に対処できる

ようにするために，特定鳥獣保護管理計画制度（以下，特定計画制度）が新設され，地方自治体の発意に基づく，科学的計画的管理が自治体独自に計画実施できるようになった．これは中央から地方へ行政権限を移行する地方分権法の一環でもあった．多くの環境団体はこの地方分権の流れに反対した．

1998年から北海道が実施した道東地区エゾシカ保護管理計画は，この特定計画制度に先行して実施され，特定計画の「特定鳥獣保護管理計画マニュアル」の骨格となる「フィードバック体制」の前例となった．まず，エゾシカ保護管理計画について説明する．

13.2 北海道エゾシカ保護管理計画

北海道では，1998年にエゾシカに対する保護政策を見直し，かつ昔のような乱獲による絶滅の恐れも避け，エゾシカを人にとって適正な数に保つための「エゾシカ保護管理政策」を道東地区で実施した．ここではこれを「道東計画」と呼ぶ．その後2000年に全道計画を作った．1993年度当時，道東地区のエゾシカはヘリコプターによる目視調査の結果から，8万頭〜16万頭とみられていた．生存率や出産率，成熟年齢は洞爺湖中島の野外調査から推定した．これらの値に20%程度の不確実性を見込んで，かつ放置した場合の増加率を年12%〜18%程度とみなし，5年後に適正水準内に導くことを目標として，適正捕獲頭数を決めた．

管理計画を作るには，対象鳥獣の生活史の情報が必要である．単に成熟年齢や寿命などの情報だけでなく，何月に交尾し，出産し，季節移動するかという情報，さらに狩猟期の情報や，調査の時期，次期の狩猟計画を決める会議をいつ開くかの情報も重要である．エゾシカ管理計画で最も早く，信頼できる個体数の推定は秋に行われる目視調査（spotlight census）である．これは毎年決まった道路を夜間に車で走り，灯りを照らして道の両側のある範囲にいるシカの数を数える．これを個体数の相対的な指数とする．北海道では毎年およそ160カ所あまりを調査していて，増減傾向が詳しく読みとれる．6月が出産期で目視調査は秋だから，0.5歳と1.5歳以上の個体数がわかる．ただし，亜成獣と成獣，成獣の雌雄の区別はつくが，成獣の年齢までは目視

表 13.1　エゾシカ管理計画の方策

方策	実施条件	措置の内容	雌狩猟	雄狩猟	駆除
緊急減少措置	個体数指数 50%[a] 以上	徹底捕獲	5	5	1
漸減措置	25%以上 50%未満	雌ジカ重点捕獲	1[b]	1	1
漸増措置	5%以上 25%未満	雄ジカ捕獲	0	2	0.1
禁猟措置	5%未満または豪雪年直後	全面禁猟	0	0	0

a) 1993 年度の個体数の 50%という意味.
b) 雌,雄の狩猟圧,駆除圧は漸減措置のときの強さを 1 とし,緊急減少措置,漸増措置のそれは相対値.
(松田 2000 より)

調査ではわからないので,別のデータから推定する.また,目視調査の発見率を考慮して絶対数を推定する方法があるが(ライントランゼクト法),実用上大きな問題点が指摘されているため,ここでは相対値のみを用いる.

　管理計画は,個体数や生存率・繁殖率などの生態情報が不確実な生物に対して,個体数を常に監視し続け,減ってきたら守り,増えてきたらたくさん獲ることを,あらかじめ管理計画に盛り込むことにした(表 13.1).エゾシカ保護管理計画で用いた個体群動態確率モデルは松田(2000)に詳述し,本書のウェブサイトに Fortran および Microsoft Excel でプログラムを公開しているので,ここでは割愛する.要は,式 (13.2) の行列個体群モデルに年変動を考慮したこと,測定誤差のある個体数推定値に応じて狩猟圧と駆除圧を変動させた管理モデルを用いたのであり,基本的考え方は,第 4 章で説明した水産資源のリスク管理モデルと同じである.

　この管理モデルの鍵は個体数推定にある.前年秋の目視調査による個体数指数を当年 5 月に出し,それを基に当年の狩猟期間などを定め,秋の狩猟開始期までに協議会で合意を図る.1998 年に道東計画を始めた頃は,専門家の検討会が定めるとしたが,具体的な計算手法は示していなかった.その後,目視調査データが蓄積したことで,指数の算定方法が発達してきた.

　2007 年には,以下のような 2 種類の方法で個体数指数を推定している.1つは最尤法に基づくものであり,もう 1 つは個体群動態モデルを用いたベイズ法に基づくものである.

道東では 61 カ所で毎年目視調査を行っている．地点 i の年 t の発見数を $S_i(t)$ とする．年 t の個体数指数を $\hat{I}(t)$ とするとき，この発見数の予測値 $\hat{S}_i(t)$ と観測値 $S_i(t)$ が

$$\log \hat{S}_i(t) = \log A_i + \log \hat{I}(t) \quad \text{すなわち} \quad \hat{S}_i(t) = A_i \hat{I}(t)$$

あるいは

$$\log S_i(t) = \log A_i + \log \hat{I}(t) + \log \varepsilon_i(t) \quad \text{すなわち} \quad S_i(t) = A_i \hat{I}(t)\varepsilon_i(t) \tag{13.3}$$

と表されるとする．ここで A_i は各地点の相対個体数密度の時間平均，$\varepsilon_i(t)$ は誤差項である．これは，個体数密度（より正確には発見数）が高い地点はどの年も同じように高い傾向にあり，個体数密度の高い年はどの地点も同じように高い傾向にあることを仮定している．本当は 1990 年代に比べて 2000 年に分布域が広がっていて，もともとの高密度地域よりも周辺部で個体数がより増えているとすれば，この仮定は当てはまらない．その場合にはさらに複雑な予測モデルが必要であるが，まだ，このような相対密度空間分布の変化を検出できるほどのデータはない．

　一般に理論的な期待値が $\hat{S}$ であるものが S 回生じる確率 p は，ポアソン分布を仮定すれば

$$p = \frac{\hat{S}^S}{S! e^{\hat{S}}} \tag{13.4}$$

と表される．より実測値に近い予測値を与えるモデルを得るには，すべての年の全地点で総合的にみてこの値の高いモデルが望ましい．すなわち，この値は予測モデルの「もっともらしさ」を表す．これを尤度（likelihood）という．確率と式は同じだが，確率は期待値 $\hat{S}$ が与えられたときに発生回数 S について 0 から ∞ までの和をとれば必ず 1 になる．すなわち

$$\sum_{x=0}^{\infty} \frac{\hat{S}^x}{x! e^{\hat{S}}} = \frac{1}{e^{\hat{S}}} \left(1 + \hat{S} + \frac{\hat{S}^2}{2} + \frac{\hat{S}^3}{3!} + \cdots \right) = 1 \tag{13.5}$$

である．尤度は観測値 S が与えられたときに予測値 $\hat{S}$ を推定するものだが，さまざまな予測値での p の総和（積分）

$$\int_0^{\infty} \frac{\lambda^S}{S! e^{\lambda}} d\lambda \tag{13.6}$$

は 1 にはならない．その代わり，最ももっともらしい予測値 $\hat{S}$ の尤度が他の予測値 λ の尤度に比べて高くなる．このようにして，尤度が最大の予測モデルを求める方法が最尤法（maximal likelihood method）である．

　ある年 t のある地点 i での尤度を最大にするのではなく，全体としてもっともらしい予測モデルを得るには，尤度の積（L と表す）

$$L = \prod_{t=t_0}^{t_1} \prod_{i=1}^{i_{max}} \frac{\hat{S}_i(t)^{S_i(t)}}{S_i(t)! e^{\hat{S}_i(t)}} \tag{13.7}$$

を最大にする予測モデルの未知数 A_i と $\hat{I}(t)$ を求めればよい．ただし $\prod$ は $\sum$ の代わりに積を求める記号，i_{max} は全地点数，t_0 と t_1 は観測の最初と最後の年である．積の対数は対数の和であるから，尤度の積 L を最大にすることは，対数尤度の和を最大にすることと同値である．よって

$$\log L = \sum_{i=1}^{i_{max}} \sum_{t=t_0}^{t_1} \left[S_i(t) \log \hat{S}_i(t) - \log S_i(t)! - \hat{S}_i(t) \right] \tag{13.8}$$

$\hat{S}_i(t)$ に元の予測式を代入すると

$$\log L = \sum_{i=1}^{i_{max}} \sum_{t=t_0}^{t_1} \left[S_i(t) \left(\log A_i + \log \hat{I}(t) \right) - \left(A_i \hat{I}(t) \right) \right] - \sum_{i=1}^{i_{max}} \sum_{t=t_0}^{t_1} [\log S_i(t)!] \tag{13.9}$$

右辺第 2 項は予測モデルの A_i と $\hat{I}(t)$ によらない定数である．階乗を計算するのは面倒（Microsoft Excel では $\log x!$ を求める関数 GammaLn$(x+1)$ がある）だが，予測モデルを求めるだけなら，これは計算しなくてよい．尤度の最大値は Excel のアドイン機能で組み込める「ソルバー」を用いれば，Excel でも求めることができる．

　一般には最尤推定値は式 (13.10) のように，推定したい未知数に対して極大値をとる（必要条件）．この場合，2 回微分が負であることは自動的に満たされている．

$$\frac{\partial \log L}{\partial A_i} = \sum_{t=t_0}^{t_1}\left[\frac{S_i(t)}{A_i}-\hat{I}(t)\right]=0, \quad \frac{\partial^2 \log L}{\partial A_i^2}=\sum_{t=t_0}^{t_1}\left[-\frac{S_i(t)}{A_i^2}\right]<0$$

$$\frac{\partial \log L}{\partial \hat{I}(t)}=\sum_{i=1}^{i_{max}}\left[\frac{S_i(t)}{\hat{I}(t)}-A_i\right]=0, \quad \frac{\partial^2 \log L}{\partial \hat{I}(t)^2}=\sum_{i=1}^{i_{max}}\left[-\frac{S_i(t)}{\hat{I}(t)^2}\right]<0$$

$$(13.10)$$

こうして，各地点の長期的な平均密度 A_i とともに，各年の個体数指数 $P(t)$ が推定できる．しかし，これは点推定値であり，その推定誤差も得ておくべきである．一般に推定誤差（点推定値の標準偏差）$\sigma_{\hat{I}(t)}$ は，対数尤度の 2 回微分を用いて

$$\sigma_{\hat{I}(t)} = \left(-\frac{\partial^2 \log L}{\partial \hat{I}(t)^2}\right)^{-1/2} \tag{13.11}$$

と表すことができる．これを求めるには対数尤度の 2 回微分が必要だが，幸い上記の例では，

$$\sigma_{\hat{I}(t)} = \hat{I}(t) \bigg/ \sqrt{\sum_{i=1}^{i_{max}} S_i(t)} \tag{13.12}$$

となるため，Microsoft Excel でも容易に求めることができる．

たとえば，道東地区 40 地点の 1993 年〜2002 年までの目視調査の 1 km あたり発見数が本書のウェブサイト上のデータのように得られたとき，その最尤推定値は図 13.4 のように求められる．個体数は基準年の 1993 年以後も道東計画を実施した 1998 年まで増え続け，その後減少に転じたが，2000 年か

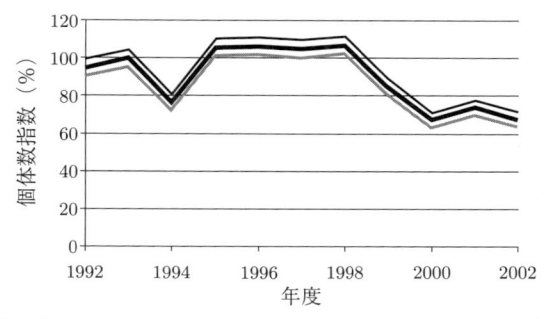

図 13.4 最尤法に基づくエゾシカ道東地域の個体数指数の年変化．太線は点推定値，上下の細線は 95%信頼区間．

らは横ばいになっていることがわかる.

このように,点推定値だけでなく,推定誤差も推定することができる.しかし,真の値が必ずこの範囲に収まるとはいえない.ここではポアソン分布を用いた最尤法のみ説明したが,この例では $S_i(t)$ の平均より分散が桁違いに大きい.本来,ポアソン分布ならば両者はおおむね等しいはずである.これは,用いた前提である独立したポアソン分布という予測モデルの仮定が不適切であることを示している.これを補正するために過分散 (overdispersion) と呼ばれる概念を用いることがあるが,ここでは割愛する(本書のウェブサイトの Microsoft Excel ファイルにはこの方法も載せている).いずれにしても,予測モデルの仮定がすべて正しいという保障はない.過分散のように気づいた誤りは事前に正すべきだが,事前に気づかない誤りや正し方がわからない不合理もあるだろう.伝統的な統計学においては,最節約原理(principle of parsimony)という考え方があり,特に根拠なく複雑な仮説をおかないことが基本である.上記の測定誤差はこの仮定のもとでの誤差であり,想定外の誤差は含んでいない.これは,他のリスク評価でも同じである.

図 13.4 には,明らかに不自然な推定値がある.1994 年に個体数が有意に減ったと推定されているが,野外調査員などの報告では,そのような形跡はみられない.単位努力あたりの発見率が毎年等しいと仮定しているが,おそらく 1994 年には成り立たなかったのだろう.2004 年にも同じことが起きた.エゾシカ保護管理検討会の専門家はこの統計結果を採用せず,「専門家の判断」(expert judgment)として個体数は横ばいであると結論づけた.このように,リスク評価においては専門家の判断が必要とされることが多々ある.しかし,それでも客観的な指標とその推定法の開発は必要である.

13.3 北海道「エゾシカ保護管理計画」の個体数推定法

そこで,より頑健な個体数推定を行うために,個体群動態モデルを併用することにする.式 (13.1) の個体群動態モデルには過程誤差項が多すぎるので,十数年間のデータからではそれぞれを推定することができない.そのため,以下のような簡略化したモデルを用いる.雌雄別年別の狩猟と駆除(許可捕

獲）による捕獲数 $H_F(t)$, $H_M(t)$, $C_F(t)$ と $C_M(t)$ は既知のものであるが，そこには亜成獣が含まれている．狩猟雌と駆除雌における成獣の割合をそれぞれ ρ と θ とおく．

$$N_C(t+1) = 2rS_F[N_F(t) - \rho H_F(t) - \theta C_F(t)]$$
$$N_F(t+1) = S_C[N_C(t)/2 - (1-\rho)H_F(t)] + S_F[N_F(t) - \rho H_F(t)] - \theta C_F(t)$$
$$N_M(t+1) = S_C[N_C(t)/2 - (1-\rho)H_M(t)] + S_M[N_M(t) - (1-\rho)H_M(t)]$$
$$\qquad - \theta C_M(t)$$

(13.13)

ただし，ここでは繁殖率 r，越冬期の生存率 S などの年変動（過程誤差）を無視している．これも最節約原理である．雌成獣 $N_F(t)$ 頭のうち狩猟捕獲数 $\rho H_F(t)$ を除いた親のうち越冬期に確率 S_F で生き残った親が $2r$ 個体の子を生み，育児期間中に母親が駆除された $S_F \theta C_F(t)$ 個体の子は翌年まで生存できない．当年の亜成獣のうち半数は雌成獣になるが，狩猟期に $(1-\rho)H_F(t)$ が捕獲され，越冬期の生存率 S_C だけが翌春まで生き残る．当年成獣だった雌は $\rho H_F(t)$ だけ狩猟で捕獲され，やはり S_F だけが翌春まで生き残る．さらにこれらの雌成獣は秋までに $\theta C_F(t)$ 頭だけ駆除される．雄成獣も同様である．

ここで r, S, ρ, θ を既知とし，$r = 0.45$, $S_C = 0.73$, $S_F = 0.89$, $S_M = 0.80$, $\rho = 0.81$, $\theta = 0.87$ とおいた．その上で，初期個体数 $N_C(t_0)$, $N_F(t_0)$, $N_M(t_0)$ を推定する．ただし初期年 t_0 は 1993 年である．初期個体数を決めれば，その後の個体数 $N(t) = N_C(t) + N_F(t) + N_M(t)$ は決定論的に求められる．図 13.4 で求めた個体数指数 $\hat{I}(t)$ と個体群動態モデルで求めた相対個体数 $I(t) = N(t)/N(t_0)$ が最も合う初期個体数を求める．すなわち，過程誤差を無視して，測定誤差が最も少ない初期個体数を探す．

真の相対個体数が I であるときに個体数推定値が $\hat{I}$ になる条件つき確率 $\Pr\{\hat{I}|I\}$ は，誤差が正規分布だとすれば

$$\Pr\{\hat{I}|I\} = \frac{1}{\sqrt{2\pi}\sigma_{\hat{I}}} \exp\left[-\frac{(\hat{I}-I)^2}{2\sigma_{\hat{I}}^2}\right] \qquad (13.14)$$

と表される．したがって，通年での確率 $\Pr\{(\hat{I}(t_0), \hat{I}(t_0+1), \ldots, \hat{I}(t_1))|N(t_0)\}$

の対数は

$$\log \Pr\{(\hat{I}(t_0), \hat{I}(t_0+1), \ldots, \hat{I}(t_1)) | N(t_0)\}$$
$$= \sum_{t=t_0}^{t_1} \left[-\log \sqrt{2\pi} \sigma_{\hat{I}(t)} - \frac{\{\hat{I}(t) - I(t)\}^2}{2\sigma_{\hat{I}(t)}^2} \right] \quad (13.15)$$

となる．
　ここで，ベイズ法の概念を用いる．ベイズ法とはある統計量（この場合には初期個体数）の不確実性を考慮し，データと照合する前に，これがある確率分布 $P(N(t_0))$ に従うと考える．この分布を事前分布（prior distribution）という．実際のデータと照合し，その条件つき確率によって事前分布を修正し，より正確な確率分布を求めようというものである．この修正された分布を事後分布（posterior distribution）という．それぞれの $N(t_0)$ に対する条件つき確率は式 (13.15) で与えられるから，事後分布 $P^*(N(t_0))$ は

$$\Pr{}^*(N(t_0)) = \frac{\Pr\{(\hat{I}(t_0), \ldots, \hat{I}(t_1)) | N(t_0)\} P(N(t_0))}{\int_{N_{0min}}^{N_{0max}} \Pr\{(\hat{I}(t_0), \ldots, \hat{I}(t_1)) | x\} P(x) dx} \quad (13.16)$$

と表される．この累積分布 $\int_{N_{0min}}^{N} P^*(N(t_0)) dN(t_0)$ から 95％信頼区間が求められる．すなわち，累積分布が 2.5％になる初期個体数 $N(t_0)$ と 97.5％になる初期個体数の間が事後分布の 95％信頼区間である（図 13.5）．
　事前分布のおき方には任意性があるが，たとえば一様分布，正の量なら対数正規分布，0 から 1 の間ならベータ分布などがよく使われる．
　ここでは初期個体数 $N(t_0)$ だけの事前分布を考えたが，生存率，繁殖率などの事前分布を同時に考えることも可能である．ただし，推定する係数の数が増えると，推定誤差が大きくなる．
　ベイズ法は順応的管理によくなじむ統計的手法である．ベイズ法で事前分布と継続監視データから事後分布を導く過程は，順応的管理において採用する未実証の前提と，継続監視によってその前提を見直す順応学習という過程そのものといえる．すなわち，ベイズ法は順応学習の過程を統計学的に定式化する手法の 1 つといえる．統計学者の間では，ベイズ法は批判も多い．事前分布という考え方が客観性を欠くからである．しかし，それは順応的管理

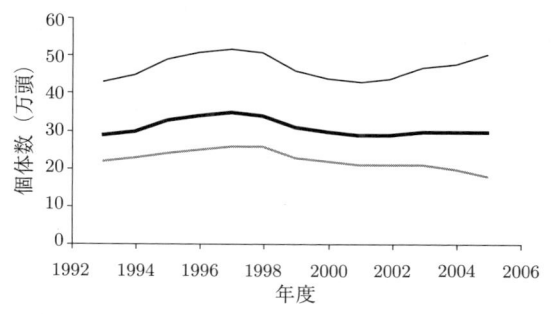

図 13.5 エゾシカ東部地域のベイズ法による個体数の事後分布.太線が中央値で上下の点線は 95%信頼区間(Yamamura *et al.* 印刷中より改変).

にも,予防原則にも当てはまる.証明される前に対策をたてる以上,その対策の必要性そのものが客観性を欠いている.第1章で述べたとおり,予防原則は第1種の過誤を避けるという伝統的な科学的判断とは異なり,第2種の過誤を避けることを優先したものといえる.すなわち,リスクの科学そのものが,伝統的な統計学の慣習をはみ出しているといえる.そして,順応的管理を支える統計学的根拠は,ベイズ法なのである.

いずれにしても,前述のように,個体群動態モデルを考慮すれば,個体数がある年だけ不自然に少ないような推定値は排除することができる.また,捕獲頭数が既知のため,個体数の絶対数についてもある程度推定することができる.西部地区のベイズ法による推定結果によれば,1993 年の西部地区のエゾシカ個体数は 10 万頭前後であるが,現在では 20 万頭を超えている可能性がある.同様に,東部地区の個体数は 1993 年に 20 万頭前後だったと考えられる.

筆者らがこの 20 万頭説を原著論文として発表したのは 2002 年であるが,北海道庁は 2000 年の行政文書でそれ以前の 12 万頭説を改め,20 万頭説を採用した.行政文書でそれ以前の主張を改めるのは容易なことではない.しかし,順応的管理においては,より正確な認識に改めることは必要な説明責任(accountability)である.

このように,個体数指数の判定は順応的個体群管理には欠かせない.そして,基準年を 100%とした相対指数が重要であり,絶対数は不確実性が高く,

将来見直される可能性がある．1998年に道東計画を策定したときには，行政担当者は個体数指数だけで管理基準を設けることに難色を示し，「個体数指数50%（6万頭）以上なら緊急減少措置を取る」（表 13.1）のように，絶対数と併記していた．2000年に絶対数の推定値を見直したときには，50%という相対指数については修正せず，絶対数の併記をやめた．もし，絶対数だけで管理計画を作っていたら，6万頭以上なら緊急減少措置をとることになり，今よりずっと個体数を減らさなくてはならなくなっただろう．こうして，2000年の絶対数見直しを通じて，相対指数で管理することの重要性と必要性が，北海道庁の野生鳥獣関係者に浸透した．

松田 (2000) に説明したとおり，表 13.1 の許容下限水準の選び方は，ニホンジカ最大の個体群であるエゾシカ阿寒個体群が，今後国際自然保護連合（IUCN）のレッドリスト基準（絶滅危惧種判定基準）に照らして絶滅危惧種の条件を満たさないように設定されている．つまり，許容下限水準になってから，豪雪年が二度連続しても 1,000 個体以下にならないように，許容下限水準を 5%，つまり基準年個体数を 12 万頭として 6,000 頭に設定した．計算機実験によれば，100 年後までの間に個体数が 1 年でも 1,000 頭を下回るリスクを 1% 以下になるように設定した．この条件を満たすように，大発生水準，目標水準，許容下限水準を定めた．

この考え方は，大発生と絶滅を防ぐという 2 つの目的を満たすように定めているが，資源の持続的な有効利用という視点は直接考慮されていない．第 12 章の考え方を真似すれば，エゾシカには資源としての有効利用の正の価値と，増えすぎて自然植生や農林業被害を与える害獣としての負の価値がある．ある年のエゾシカによる総合的な価値 $Y(t)$ は

$$Y(t) = pC(t) + D(N(t))$$

のように表されるだろう．ここで p はシカ単位体重あたりの価格，$C(t)$ は捕獲重量，$D(N)$ はシカが N 個体生息するときの農林業被害や生態系サービスの損失を表す．農林業被害は見積もられているが，自然植生に及ぼす損失は評価されていない．また，1998 年に道東計画を始めた当初はシカ肉の有効利用は未確立で，採算がとれなかったが，2007 年現在では採算がとれる見通し

が立ち始めている．

　エゾシカ保護管理計画の特徴は，失敗とみなす基準が明確に定められていることである．生態系管理においても，評価基準（benchmark）を明確にする必要性が指摘されるが，その基準を満たさなければ成功とはいえない．1998年に道東計画導入後，しばらくは緊急減少措置をとり，数年後に大発生水準以下に抑えることを目指していた．その後は，豪雪年の翌年を除き，漸減措置と漸増措置だけをとり続けるのが理想であった．将来再び大発生水準を超えたり，許容下限水準を下回れば，それは管理の失敗を意味する．

　ただし，絶対失敗しないというわけにはいかない．豪雪年が3年連続してやってくる恐れもゼロとはいえない．個体数の推定を大幅に間違える恐れもある．そこで，ある数理模型と不確実性を見込んだ上で，100年後までに許容下限水準を一度でも下回る恐れを2.5%以下にするよう，目標水準を定める．さらに大発生水準を一度でも上回る恐れを2.5%以下にするよう，大発生水準を定めた（Matsuda *et al.* 1999a）．上記の3つの水準は，ほぼ，これを満たすように定められている．

　生態情報の推定誤差を無視し，環境が一定と仮定すると，大きな違いを犯す．第4章でも説明したが，一定量ずつ獲れば，個体数も一定に落ち着くというものではない．そして，推定に不確実性はつきものである．また，増えてきたらたくさん獲り，減ってきたら控えるということは，捕獲頭数は個体数以上に変動し，猟師の収益が大きく変動する．エゾシカ管理計画では，漸減措置中は雌をたくさん獲り，漸増措置中は雌を獲らずに雄を獲ることを推奨する．シカは一夫多妻なので，次世代の個体数は雌の数で決まる．このように雌雄を分けて捕まえれば，捕獲頭数はそれほどはばらつかない．猟師は角のある雄を獲りたがるが，1998年から1人1日1頭という捕獲制限を緩め，雌は2頭とってもよいことにした．その結果，図13.1に示すように，雌シカの捕獲もかなり増えてきた．

　表13.1の管理計画で受け入れている変動幅は，大発生水準と許容下限水準の間で10倍になる．より正確な情報が集まれば，この幅はもっと少なくてすむだろう．フィードバック管理は，国際捕鯨委員会（IWC）の科学委員会で検討された改訂管理方式（Revised Management Procedure）の中に反映さ

れ，商業捕鯨の一時的全面禁止（モラトリアム）はこれが完成するまでの暫定措置であった．しかし，1992年にこれが科学小委員会で採択された後も，総会では全面禁止が続いている．フィードバック管理の考え方は，北米大陸では順応的管理と呼ばれ，定着している．今後，地域で管理計画を作る際には，順応的管理と生態系管理が極めて有効な手段になることだろう．

エゾシカ保護管理計画には，鉛弾問題という「想定外」の問題も起きた．オオワシなどの希少猛禽類は，スケトウダラ漁業の全盛期には漁港でこぼれた魚を餌にしていた．1990年代に入ると，オオワシやオジロワシはカラスとともに，猟師が放置したエゾシカの死体をあさっている．シカの死体には鉛弾が残っていて，これを食べて鉛中毒になって死ぬ個体が続出した．死体を放置してはいけないが，規則を守らない猟師もいるし，仕留めた場所によっては持ち帰れないこともある．エゾシカ管理を目指すために希少猛禽類に被害を与えてはいけない．新たな管理計画を実行すれば，このような予期せぬ事態が起こる．気づいたときに早急に改めるのが説明責任である．この問題に対する環境庁と北海道の対応はかなり早かった．2000年の猟期から，北海道ではライフル銃の鉛弾を禁じることにした．エゾシカ猟に用いる散弾銃の鉛弾についても，2001年猟期から使用が規制された[*1]．

1999年に鳥獣保護及狩猟ニ関スル法律（大正7年法律第32号）（鳥獣保護法または狩猟法といわれる）が改正された．おもな改正点は2つある．1つは地方分権一括法の一環として，有害鳥獣駆除などの許認可権を環境庁から都道府県に移すものである．もう1つは，増えすぎたシカやカモシカなどを有害鳥獣駆除制度でなく，特定鳥獣保護管理計画に基づいて科学的・計画的に管理するように改めたものである．同時に，今まで狩猟者のための法律といわれ，野生鳥獣の保護繁殖と狩猟適性化による有害鳥獣の駆除を目指していた鳥獣保護法が，生物多様性を守るためという趣旨が込められるように改められた．さらに，2002年の改定では文語体の条文を口語体に改めた．

1999年の特定計画制度導入により，シカのように大発生した野生鳥獣は有害鳥獣駆除ではなく，計画的に捕獲できるようになった．本来，有害駆除は田

[*1] http://www.pref.hokkaido.lg.jp/ks/skn/sika/lead/lead.htm 参照

畑を荒らすなど，人に被害を及ぼした「犯人」が出てから駆除を申請し，国から委託された都道府県が許可した後で，その個体を駆除していた．特定計画制度のもとでは，害をなす個体の駆除ではなく，個体群管理の目的で捕獲することができる．そのためには，自治体が特定計画を定めなくてはいけない．

シカの管理における個体数調節は管理計画全体の一部であり，柵を作って畑を守る対策も含まれる．野生生物管理（wildlife management）と水産資源管理は，極めて共通点が多いことがわかる（Sheaら1998）．

演習問題

[34] 個体数指数推定の最尤法について，本章ではポアソン分布を仮定したが，過分散が起きていると指摘されている．過分散を考慮すると推定値はどうなるか？

chapter 14

リスクを容れる
ヒグマの保護管理計画

エゾシカと異なり，ヒグマは増えすぎているとはいえないが，農業被害だけでなく，人を襲うこともあり，人とクマの共存を図る管理が必要である．クマと人の適切な距離を維持し，人を襲うクマと人を避けるクマを分けて管理する新たな保護管理の方法論を紹介する．

14.1 クマは絶滅危惧種か？

特定鳥獣保護管理計画制度（特定計画制度）はニホンジカのほか，カモシカ，クマ（ツキノワグマとヒグマ），ニホンザル，イノシシ，カワウなどで定められている．特定計画は，増えすぎた野生鳥獣や，逆に絶滅の危機にあるが人との軋轢があり，人との共存が困難な野生鳥獣を対象とする．ニホンジカ，カモシカ，イノシシ，カワウは現在増えすぎた鳥獣であり，人との軋轢が増えている．それに対してクマは，特に個体数が増えているという兆候はないが，農林業被害だけでなく人を襲うことがあり，人との軋轢はより深刻である．ニホンザルは多くの地域で増えているという点ではニホンジカなどと事情は近いが，ニホンザルを捕獲することには社会的に異論が強いために，以下に述べるクマと同様の管理方針が望まれることがある．

クマは増えすぎているわけではないので，個体数を調整しても，問題は解決しない．個体数を維持し，被害を減らすことを目的とする．そのためには，前章で説明したような個体群動態モデルだけでは管理計画の助けにはならない．クマは食肉目（Carnivora）クマ科（Ursidae）に属し，ヒグマ（*Ursus arctos*），

ツキノワグマ（Ursus thibetanus），アメリカクロクマ（Ursus americanus），ホッキョクグマ（Ursus maritimus）などがいる．アメリカにいるハイイログマはヒグマと同種である．日本では，北海道にはヒグマ，本州と四国にはツキノワグマが現存している．九州のツキノワグマは絶滅し，四国も数十頭前後と絶滅寸前の状態にあるとみられている．

クマは雑食性で，大型肉食哺乳類にもかかわらず冬眠し，冬眠中に出産する．毛皮や肉が利用できるほか，クマの胆嚢は生薬として高価で取引され，経済発展国を中心に密猟や乱獲による個体群の絶滅が危惧されている．このため，ツキノワグマはCITES（ワシントン条約）の附属書I類に掲載され，国際商取引が禁止されている．ヒグマも中国大陸などの個体群が附属書Iに，種全体としても附属書IIに掲載され，国際商取引には輸出許可証が必要である．

九州，中四国地方におけるツキノワグマの減少は，乱獲と生息地の減少によるものとみられる．四国においては，以下のような状況変化が指摘されている（金澤文吾 私信）．20世紀はじめには，クマは人工林への被害防止のために捕殺されていたようだが，まだ四国の広い範囲に生息していた．1920年代以後，スギ・ヒノキの拡大造林政策が進むにつれて，標高1,000 m以上の奥山地帯におけるブナなどの天然林が減少し，生息地が狭まり，そのために人との軋轢が増えて捕獲圧も増えたと考えられる．四国西部地域（石鎚山系以西）では，1980年代半ばに捕獲されたのを最後に目撃情報が絶え，絶滅したとみられている．高知県と徳島県で捕獲禁止措置がとられたのは，それぞれ1986年と87年であり，絶滅寸前まで捕獲され続けたことになる．四国東部地域（剣山山系）でも1980年代まで天然林伐採による生息地減少と捕獲が続いていたが，その後は禁猟措置がとられ，国有林内の植生回復も進んでいるとみられる．しかし，近年，学術捕獲や体毛DNA解析などにより識別できたクマの個体数は10頭程度でしかない．四国東部のブナ帯などの生息適地はせいぜい300 km^{2}とみられ，その環境収容力は100頭未満と考えられる．

ワシントン条約で規制されているが，日本のヒグマは現時点で絶滅の恐れがあるとはいえない．図14.1のように札幌市などの大都市近郊を含めて，北海道のほぼ全域に生息している．この点が，アメリカのイエローストーン国立公園やアラスカ・コディアク島のような人口密度が極めて低い地域でクマの保護

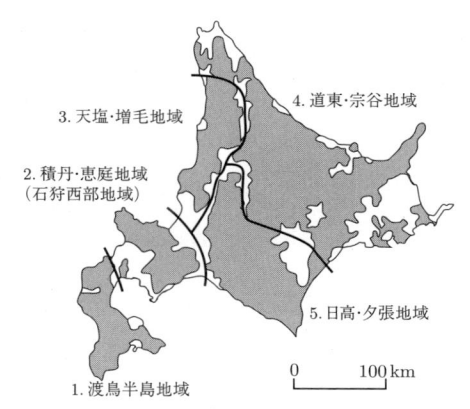

図 14.1 北海道におけるヒグマの分布（灰色部分）．聞き取り情報に基づく（北海道資料）．個体群は大きく渡島半島など 5 つに分かれると考えられる．

管理を考えるのとは事情が違う．ツキノワグマは国際自然保護連合（IUCN）が危急種（VU）と判定しているが，東日本では現時点で絶滅の恐れがあるとはいえない．したがって，個体群の保護の観点からは，クマを禁猟にする必要はない．しかし，個体数が増えすぎているともいえない．

14.2　人への避け方から 2 種類のクマを考える

図 14.2 は北海道渡島半島におけるヒグマ捕獲頭数である．1986 年度までは年平均雌 38，雄 45 頭を捕獲していたが，1987 年度から 2000 年度までは雌 18 頭，雄 33 頭に減らしている．2000 年以後は再び捕獲数が増えている傾向が読み取れる．

1986 年度まで，北海道では冬眠明けのクマを狙う「春グマ駆除」が行われていた．これは 3～5 月に，冬眠明け直前に冬眠穴内で，あるいは冬眠明け後にヒグマを残雪上で捕獲するもので，これがクマの個体数を減らすだけの無秩序な捕獲であるという批判があった．春グマ駆除は，人間生活に軋轢をもたらすクマ個体を特定して捕獲するわけではないため，春グマ駆除が軋轢をもたらす個体を減らす効果があるとは一概にいえない．図 14.1 に示す北海道西部の積丹・恵庭地域や，天塩・増毛地域などでは，著しい個体群の衰退

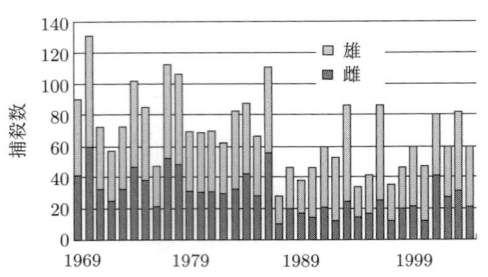

図 14.2 北海道渡島支庁・檜山支庁におけるクマ捕獲頭数の年変化（北海道資料より作図）

が明らかとなった．さらに，ヒグマによる人身被害と家畜被害の減少を受け，北海道は1990年に春グマ駆除制度を廃止し，奥山で積極的にヒグマを捕獲する機会はほとんどなくなった．近年，再び捕獲数が増えたのは，農地や人里に出没する個体が増えたためである．そのため，北海道は，独自の保護管理計画を策定していた渡島半島地域を対象に，農地や人里に出没して軋轢をもたらす個体を選択的に捕獲することを目指した春季の管理捕獲を，2002年から実施した．

　クマによる軋轢が人里で多発する「大量出没年」があることが知られている．この大量出没年はブナやミズナラの生り年と関係するとも指摘されている（Oka 2006）．ブナなどの堅果は冬眠前のクマの重要な食料源であるが，クマの生息地より広い空間尺度で，年によって堅果の結実量に大きな差が生じる豊凶現象がある．このため，生り年には栄養状態がよく，翌年に複数の子を出産するが，凶作年の翌年には出産率が低く，人との軋轢が増し，結果として捕獲数が増えると考えられる．図14.2をみると，1970年，86年，93年，96年，2001年，03年に，捕獲数が大きく増えていることがわかる．そのすべてがブナなどの凶作によるとはいえないが，大量出没は数年に一度の頻度で生じる．

　クマは絶滅危惧種であるにもかかわらず，農業被害だけでなく人との軋轢を起こすため，レッドリストに載った地域でも捕獲されている．しかし，どのクマも人を襲うわけではない．本来クマは人を避け，山菜取りなどで山に入った人がいると，人がクマに気づくより先にクマが人に気づき，身を隠すことが多いという．山に入る人の多くは伝統的に狩猟者であったから，クマ

図 14.3 観光客が集まる前で逃げずにサケを獲る問題グマ（段階 1）．知床世界遺産地域の岩尾別川にて．（写真提供：知床財団 山中正実氏）

にとって人は脅威であった．人とクマがそれぞれ里と奥山に棲み分けていたかといえば，必ずしもそうではない．日本の東北地方には，農耕民のほかにマタギなどと呼ばれる半農半狩猟採集民がいた．さまざまなクマに電波発信器を付けて行動追跡すると，里山地域に日常的に出入りしていることが明らかになった．彼らが人目につくことが少ないのは，人を避けて行動しているからである．

しかし，第 2 次世界大戦後の高度経済成長期に奥山の開発が進み，広葉樹林の人工林化が進んだ．さらに近年では，クマの狩猟が減るとともに，里山の手入れがかつてのように行き届かなくなり，クマが人里に容易に接近できるようになったと考えられる．さらに現在では，人里に農作物や投棄された生ゴミなどの食料が容易に手に入るようになり，人里近くを利用する人を恐れないクマが増えることが懸念される．図 14.3 のように知床世界自然遺産地域のクマでは人慣れが進み，人を恐れなくなっている．一方，クマの生態を十分に知らない人もクマを恐れなくなっており，突発的な威嚇や攻撃の発生は一触即発の状況にある．クマは甘いものを好むが，ジュースの空き缶に味をしめ，自動販売機を襲ったクマや，自動車に乗った観光客から餌をもらったクマもいたという．

北米のハイイログマの生息する国立公園には，「ごみがクマを殺す（Garbage kills bears）」，「野生動物に餌をやらないで（Do not feed wildlifes）」，「餌づけされたクマは死んだクマ（A fed bear is a dead bear）」などという注意書

きがよくみられる．生ごみの味を覚えたクマは人を避けなくなり，人を襲う危険も増える．そのようなクマは駆除せざるをえなくなる．人とクマとの共存のために，生ごみの始末を怠らないようにとの警告である．俗に「新世代グマ」と呼ばれるこのようなクマは，昔からいたらしい．

　アイヌの言葉では，ヒグマのことを「山の神」を意味する「キムンカムイ」と呼ぶ．文字通り山の神様であるキムンカムイをアイヌの人々は畏敬し，狩猟で捕獲すると盛大なクマ送りの儀式を行い，将来の豊猟を祈ってその魂を神の世界に返した．それに対し，人を襲ったり人里で人の食料を奪ったりするクマは，キムンカムイに対してウェンカムイ（「悪い神」の意）と呼び，厳然と区別していた．後者が出現すると確実に捕獲し，その死体は魂送りの儀式をすることなく八つ裂きにして野山にまき散らしたという．

　したがって，人とクマの軋轢を減らし，クマ個体群を存続させることが管理目的ならば，かつてアイヌの人々がそうしたように，人を避けないクマと人を避けるクマを区別し，前者を駆除し，後者を保全し，人を避けないクマを作らない方策を考えればよい．筆者らは，これを「ウェンカムイ管理論」と名づけている．

14.3　ウェンカムイを数える

　そのためには，クマの個体数を推定するだけでなく，キムンカムイとウェンカムイの個体数を別々に推定し，キムンカムイからウェンカムイに変わる率を推定する必要がある．この変化率を「変心率」と呼ぶことにする．姿は変わらないが，行動パターンが変化するため，一目見ただけではどちらなのかがわかりにくい．キムンカムイとウェンカムイの個体数と変心率の推定はクマ研究者には大変な難題だったが，とりあえず，住民などから寄せられるクマ出没情報がある．寄せられた出没情報の状況を吟味し，それがキムンカムイが偶然人目についたものか，ウェンカムイが人里に現れたかを判断する「問題グマ判断指針」を検討中である．山口県ではすでに同名の指針を策定，公表している．

　「札幌市ヒグマ対策手引き」（表14.1）によれば，遭遇した人を避けるか，生

表 14.1 「札幌市ヒグマ対策手引き」抜粋

段階 0 と段階 1 以上の判断基準
- 人間への恐れを持たないか，その度合いが非常に低く，人前にたびたび姿を見せる個体．

段階 2 の判断基準
- 水産・畜産・農産廃棄物や生ゴミ，残飯などの人為的食べ物に餌づいていて，その近傍に執着している個体．
- 農作物や家畜への顕著な食害があり，その後も被害の拡大を及ぼす可能性が高い個体．
- 人間への攻撃的な行動をした個体．ただし別記 a の条件（略）を考慮する．

段階 3 の判断基準
- 実際に人間を襲った個体．別記 b（略）参照．
- 弁当や食物をねだる仕草を見せたり，人間が幕営している場所に夜間に接近したりするなど，人間の所持している食物や残飯に条件づけられていると考えられる個体．
- 人間との遭遇に際し，ストレス反応を見せずに人間を追跡する行動をとる個体（捕食行動または興味本位の危険行動の可能性）．

一部表現を改変（http://www.city.sapporo.jp/shimin/chiiki-bohan/kuma/download/index.html）

ゴミなどに執着しないか，農作物や家畜を利用することのない個体は，たとえ人里に出没しても問題はない．これはキムンカムイと判断される．人に対して攻撃的な行動をした個体はこれにあたらないとするが，単に立ち上がって警戒行動をとっただけの場合や，反撃しても突発的に遭遇して人の方がクマを驚かせた場合には，段階 0 とみなす．

キムンカムイを段階 0 と 1，ウェンカムイを段階 2 と 3 に分けて判断する．段階 1 は直接人的経済的被害を与えないが，人を避けない個体である．段階 2 は農業被害を与える個体であり，人が追い払おうとすれば，人を襲う可能性もある．段階 3 は人を襲う危険のある個体である．段階 3 はただちに捕殺することになるだろう．

段階 2 については，クマの個体数が少ない場合にはただちに捕殺せず，生け捕りにして唐辛子スプレーなどをかけ，人を恐れさせて放獣する場合がある．中国地方ではこれが試みられており，人里で捕獲して奥山に運んで放獣するため，「奥山放獣」と呼ばれる．しかし，重要なのは奥山に運ぶことではなく，ひどい目にあわせて放てば人を避けるようになると期待できるため，このような処置を「お仕置き放獣」という．

段階1はウェンカムイとはいえない．イエローストーン国立公園や知床半島ならば，放置するかもしれない．しかし，渡島半島のように人口密度の高い地方で人との軋轢を軽減するには，人を恐れさせるように「学習」させる必要がある．さらに，住民がクマを恐れているのに，放置することは行政としては難しい．ヒグマ保護管理計画の目的に，クマ個体群の存続，クマに人が襲われる事件を減らすこと，農業被害を減らすことのほかに，住民の恐怖を減らすことも含まれるならば，個体数が多い状況下では段階1のクマも捕殺対象に含まれる．

　段階0のクマについては放置してもよいとされる．しかし，これを正確に判断し，渡島半島全域の出没情報に対応するには，判断力に優れたクマの専門家（ベア・エキスパート）が最低各市町村に1人ずつ必要だが，とてもそれほど人材はいない．不十分な判断をするならば，第1種の過誤（キムンカムイをウェンカムイと誤診する）よりも第2種の過誤（ウェンカムイをキムンカムイと誤診する）を避けるだろう．したがって，どうしてもキムンカムイを捕獲することになる．害をなした個体と別の個体を捕獲してしまうことを冤罪捕獲という．

　冤罪捕獲をしないことも大切だが，捕獲した後で，捕殺した個体がキムンカムイかウェンカムイかを事後診断することも重要である．これが正しく問題グマと判断したかどうかを検証することになる．捕殺されたクマの胃内容物における農作物の有無，安定同位体による採餌物の推定，食害された農地で採取された毛根との遺伝子の照合などが，畑を荒らしていたクマかどうかの判断に有効である．

　クマの出没報告件数は最近増えている．北海道の渡島半島（渡島支庁と檜山支庁）では，函館市のような都市のすぐ近郊にもヒグマが生息している．この地方は北海道の中でも特にヒグマと人との軋轢が問題となる地域で，北海道庁は2000年に任意計画（特定計画ではないもの）として渡島半島ヒグマ保護管理計画を策定した．クマ管理計画の主要部分は，人里にクマが出没したときに適切に対応する「危機管理」（crisis management）である．クマが出没して，パニックにならないようにすること，必要なら捕殺のための狩猟者のチームを迅速に手配することなどを行う（図14.4）．

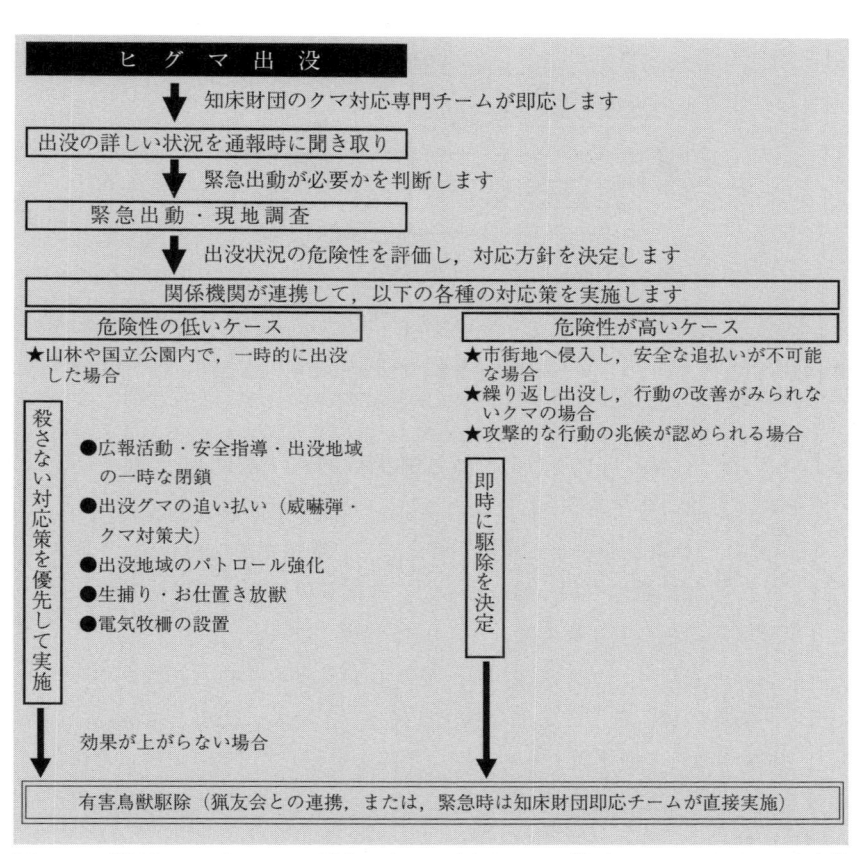

```
       ┌─────────────────────┐
       │   ヒ グ マ 出 没    │
       └─────────┬───────────┘
                 ↓       知床財団のクマ対応専門チームが即応します
┌─────────────────────┐
│出没の詳しい状況を通報時に聞き取り│
└─────────┬───────────┘
          ↓           緊急出動が必要かを判断します
┌─────────────────────┐
│   緊急出動・現地調査       │
└─────────┬───────────┘
          ↓           出没状況の危険性を評価し，対応方針を決定します
      関係機関が連携して，以下の各種の対応策を実施します
```

危険性の低いケース	危険性が高いケース
★山林や国立公園内で，一時的に出没した場合	★市街地へ侵入し，安全な追払いが不可能な場合 ★繰り返し出没し，行動の改善がみられないクマの場合 ★攻撃的な行動の兆候が認められる場合

殺さない対応策を優先して実施

- 広報活動・安全指導・出没地域の一時な閉鎖
- 出没グマの追い払い（威嚇弾・クマ対策犬）
- 出没地域のパトロール強化
- 生捕り・お仕置き放獣
- 電気牧柵の設置

即時に駆除を決定

効果が上がらない場合

有害鳥獣駆除（猟友会との連携，または，緊急時は知床財団即応チームが直接実施）

図 14.4 斜里町におけるヒグマ対策の流れ図（山中 2005「緊急クマシンポジウム」資料より改変）

14.4 捕獲数から個体数を推量する

間野ほか（未発表）の予備的計算では 6 歳で成熟するとした齢構成モデルを作った．これらの生活史係数の不確実性も考慮し，繁殖率などの過程誤差も考慮している．

ここでは簡単のために，齢構造を無視した以下の個体群動態モデルを考える．

$$N_f(t) = S_f N_f(t-1) + e^r N_f(t-t_g) - C_f(t-1)$$
$$N_m(t) = S_m N_m(t-1) + e^r N_f(t-t_g) - C_m(t-1)$$

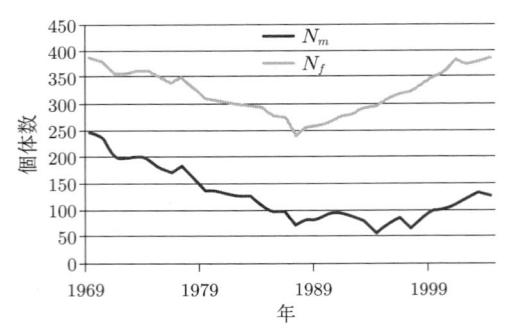

図 14.5 計算機実験によるヒグマ渡島半島個体群の雌雄別個体数変動．春グマ駆除時代に減少し，かつ雌雄ともに負にならない個体数変動の一例．

ここで $N_f(t)$ と $N_m(t)$ はそれぞれ雌と雄の個体数（1 歳以上），S_f と S_m はそれぞれ雌と雄の年生存率，$C_f(t)$ と $C_m(t)$ はそれぞれ雌と雄の捕獲数，e^r と t_g はそれぞれ新規加入率と成熟年齢を表す．成熟年齢は約 6 歳，1 歳以上のすべての雌個体数に占める雌成獣数は，捕獲個体の割合では約 50%，産仔数と出産間隔の積は 0.3 なので，$r = 0.06$ 程度とおく．

エゾシカと異なり，ヒグマ渡島個体群では継続的な個体数指数が得られていない．あるのは，以下のような状況証拠のみである．①春グマ駆除を開始した 1968 年時点の個体数よりも春グマ駆除を廃止した 1990 年時点の個体数は多くない．そして，②個体群が絶滅しなかった．この 2 つを同時に満たす初期個体数は，上記の生活史係数のもとではかなり限られる．

上記の簡略化した数理モデルでも，初期個体数についてのある程度の情報が得られる．図 14.5 にその計算機実験の一例を示す．1986 年時点での個体数は 500 頭以下ならば，春グマ駆除時代に雄はいなくなっただろう．このように，生活史係数のおよその推定値と，過去の個体数の増減傾向，および捕獲統計があれば，過去の個体数についてのおよその推定を行うことができる．

今まで，北海道では渡島半島のヒグマ個体数を 500 頭前後と推定していた．人的被害を与えるヒグマだが，人とヒグマの共存のために，500 頭以下に減らすことは好ましくないと説明してきた．その根拠となるのが，最小存続可能個体数（MVP：minimum viable population）という概念である．第 7 章でみたように，成熟個体数が 50 個体を下回ると人口学的確率性の影響が無

視できなくなる．この50個体を人口学的MVP（demographic MVP）という．この場合，雌の個体数が25個体以上であることが重要であり，雄は極端に減らなければよい．また，500個体を下回ると遺伝的多様性が急速に失われる恐れがある．この500個体を遺伝学的MVP（genetic MVP）という．この場合，遺伝子の多様性は雌雄等しく貢献するので，雌個体数と雄個体数の幾何平均が250程度以上であることが望ましい．しかし，これはあくまでも目安であり，500個体以上なら安全で，それを下回ると許容できないというものではない．絶滅リスクは個体数の減少関数である．

上記の結果，個体数推定値は500頭以上であることは確かであるが，もしMVPである500頭よりはるかに多い場合，その余剰分をただちに捕獲してよいかといえば，そうではない．われわれが確信できるのは，春グマ駆除を廃止した1987年以来，今までのやり方を続けてもヒグマ個体群が絶滅しなかったということであり，その結果として個体数が増えたという根拠はない．そもそも，遺伝的多様性が損なわれ始めてからその兆候が現れるのは，かなり長い世代を要する．MVPの500頭という数値が独り歩きして，それ以上なら減らしてもよいという判断になるのは危険である．

14.5 ウェンカムイを管理する

問題グマ数と図14.2の捕獲頭数の比較から，問題グマのうち捕殺されるのはごく一部であり，多くのクマが生き延びていることが示唆されている．ウェンカムイが生き延びて出産すれば，子供も人や畑を避けなくなるかもしれない．

ウェンカムイ（問題グマ）を減らし，キムンカムイを増やすことを管理目標とするならば，それぞれの個体数変動を記述する数理モデルが必要になる．北海道ではキムンカムイを段階0と1，ウェンカムイを段階2と3に分けているが，簡単のためにキムンカムイの個体数$N_0(t)$とウェンカムイの個体数$N_1(t)$の個体群動態モデルを以下のように考える．ここでウェンカムイを一定の捕獲率pで捕獲し，キムンカムイの捕獲率は冤罪捕獲係数qを考慮してpqであるとし，それぞれ2項分布に従うとする．

表 14.2 変心率，冤罪捕獲率，捕獲率をさまざまに変えたときの 2041–2050 年のキムンカムイとウェンカムイの平均個体数（それぞれ $\langle N_0 \rangle$ と $\langle N_1 \rangle$）

方針	(1) 放置	(2) 捕殺重視	(3) 変心率対策	(4) 冤罪捕獲改善	(5) すべて併用
変心率	0.06	0.06	0.03	0.03	0.03
冤罪捕獲率	0.5	0.5	0.5	0.1	0.01
捕獲率	0.1	0.2	0.1	0.1	0.5
$\langle N_0 \rangle$	14	0	109	262	411
$\langle N_1 \rangle$	159	13	44	17	0

$$N_0(t+1) = N_0(t) S \exp[-aN_0(t) - aN_1(t)] + N_0(t) e^{r(t)} - C_0(t) - mN_0(t)$$
$$N_1(t+1) = N_1(t) S \exp[-aN_0(t) - aN_1(t)] + N_1(t) e^{r(t)} - C_1(t) + mN_0(t)$$
(14.1)

$$\Pr[C_0(t) = x] = \binom{N_0(t)}{x} p^x (1-p)^{N_0(t)-x}$$
$$\Pr[C_1(t) = x] = \binom{N_1(t)}{x} (pq)^x (1-pq)^{N_1(t)-x}$$
(14.2)

ただし $r(t)$ と a はそれぞれ内的自然増加率と密度効果の強さ，$C_0(t)$ と $C_1(t)$ はそれぞれキムンカムイの（冤罪）捕獲数とウェンカムイの捕獲数，m はキムンカムイからウェンカムイへの変心率である．簡単のため，齢構成の区別を無視し，雌のみを考慮した．

2000 年を出発点とし，2004 年までは実際の雌捕獲数を用いる．段階 1 の「キムンカムイ」は全体の問題グマの約 6 割程度存在し，これらはすべて捕殺対象とみなしたと考えられることから，捕殺数のうち 6 割をキムンカムイ，4 割をウェンカムイとする．全体の個体数が 370 個体程度なら，冤罪捕獲係数は 0.5 程度だと考えられる．すなわち，キムンカムイ 1 個体の捕殺率はウェンカムイのそれの半分程度である．初期個体数は 250～500 の間の一様乱数とし，加入率 $e^{r(t)}$ は 0.19 か 0 を頻度 4:1 で選び，雌と雄の成獣生存率をそれぞれ 0.95 と 0.93，密度効果を 0.0001 としたときの結果を表 14.2 に示す．

現状の変心率，冤罪捕獲係数，捕殺率は正確にはわからないが，1 つの可能性としては図 14.6 の左図程度かもしれない．この場合，表 14.2 の方針 1 のように，放置すれば図 14.6 左図のように，キムンカムイは漸減し，ウェンカ

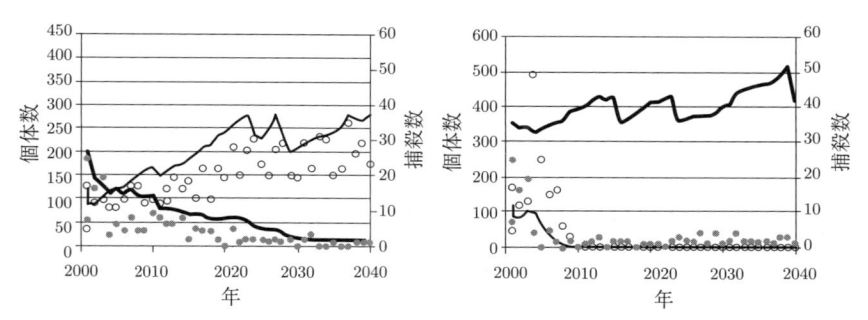

図 14.6 ウェンカムイ管理による個体数と捕殺数の変動の計算機実験の例．左図は変心率，冤罪捕獲係数，捕殺率がそれぞれ 0.06, 0.5, 0.1 のとき．右図はそれらが 0.03, 0.01, 0.5 のときの例．太線：キムンカムイ，細線：ウェンカムイ．

ムイが増える．捕殺率が低いためにヒグマは絶滅しないが，被害はますます増え，個体群全体がウェンカムイになってしまうかもしれない．方針 2 のように捕殺だけを増やしても，キムンカムイは冤罪捕獲で殺され，ウェンカムイに変わってから捕殺されるため，キムンカムイが増えることはなく，個体群全体が絶滅する．方針 3 のように変心率を下げれば，ウェンカムイは徐々に減るが，冤罪捕獲があるためにキムンカムイも徐々に減り続け，やはり絶滅の恐れがある．方針 4 のように変心率とともに冤罪捕獲を減らせば，キムンカムイを保全し，ウェンカムイの補給を断って徐々に減らすことができる（図 14.6 の右図）．方針 5 のようにさらに冤罪捕獲を減らせば，捕殺率を増やしてもキムンカムイの冤罪捕獲の心配はなく，ウェンカムイだけを迅速に減らすことができる．このように，変心率を減らすこと，冤罪捕獲を減らしつつ，ウェンカムイの捕殺率を増やすことが，人への被害を減らし，クマの保全を図る上で重要である．

この数理モデルで用いた生活史係数，個体数，捕殺率，変心率などの推定値にはかなりの推定誤差があると思われる．それでも，個体数だけでなく，段階別の問題グマの個体数を推定できる体制を作ることで，キムンカムイとウェンカムイを分けて順応的管理を行うための継続監視が可能になる．総個体数の継続監視体制が不十分だが，問題グマの継続監視体制ができる方が重要である．キムンカムイとウェンカムイの個体数の増減により，たとえば表 14.3

表 14.3 ヒグマの順応的管理私案

		ウェンカムイ個体数が	
		多い	少ない
キムンカムイ個体数が	少ない	被害が続きクマ絶滅も危惧される・人間活動規制	不適切な関係を戒め続け、キムンカムイを守る
	多い	ウェンカムイを駆除、早急に変心率低下措置が必要（現状）	最も望ましい状態

のような順応的管理案をたてることができる．現状はキムンカムイもまだ多く，ただちに絶滅の心配はないものの，変心率が高く，ウェンカムイが過剰であると思われる．

ニホンザルの管理も，これに類似した方法が考えられる．個体群の存続を図りつつ，人慣れしたサルを捕殺することが，人とサルを共存させ，猿害を低減させるために有効である．サルの方が個体数や加害個体の個体数を継続監視する点では容易かもしれない．生活史係数もより正確に把握できる．ただし，サルを捕殺することには社会的抵抗が強い．合意形成を図ることがより困難かもしれない．

演習問題

[35] 本章で示した「ウェンカムイ管理」のためにはヒグマのキムンカムイとウェンカムイの数を推定する必要があるのではないか．

chapter **15**

リスクに学ぶ
新たな自然観へ

リスク管理は科学でなく，実践である．その目的や計画は科学のみで定められるものではなく，社会的な合意形成に基づく．科学者と利害関係者のやり取りの積み重ねが重要である．国際捕鯨委員会は科学小委員会の役割が明確に位置づけられた先駆例の1つであるが，条約の目的に反する政策が反捕鯨加盟国によって合意されるという問題を残した．

15.1　リスクをめぐる諸問題

第1章では，日本人の平均寿命が過去100年の間に飛躍的に延びたが，やはり危険はつきものであり，しかもどの程度危険かが科学的によくわからないことがあるために，科学的実証を待たずに対策を立てる「予防原則の必要性」を述べた．第2章では，飲料水の例で食中毒を減らすリスクが発癌率を高めるという「異なる健康リスク間の比較」を論じた．

第4章では，自然変動する水産資源の管理を通じて環境政策に「生態リスク管理の代表的な方法論」を紹介した．第6章では，外来生物を例にリスク管理においては「水際作戦（侵入経路や発生源を断つこと）の重要性」を指摘した．第9章では，トドを例に「野生生物の絶滅リスクの考え方」ならびに「野生生物の存続と人間活動（漁業）の存続の兼ね合い」を説明した．第10章ではダムが人間の自然災害を守る目的で作られながら，生態系を損なっているという，「自然災害のリスクと生態リスクの兼ね合い」について議論した．同時に，台風や山火事などの適度の自然攪乱は，生物多様性を維持する

上でむしろ欠かせない自然要因であることも説明した．これらを通じて，リスク管理の目的は科学的に得られるものではなく，その社会の価値観を反映したものであり，社会の合意に左右されることを述べた．

政府や専門家の役割は，リスクの前提を学問的に吟味し，より正確にさまざまなリスクを評価することであり，それを社会に伝えるとともに，社会的に必要な範囲でリスクの発生源を規制し，存在するリスクについての適切な情報を提供することである．何がどう適切か，またその適正を判断する基準を議論すること自体も科学の対象であり，最近，特に薬学関係では，規制科学と呼ばれる．

第3章で，ある人の1週間あたりの魚介類の摂食量からリスクを計算する方法を紹介した．これはリスクの自主管理のための表であり，国が管理基準を設ける場合は，皆が均一な食生活を送るとは仮定せず，個人個人の摂食量のバラツキも考慮する必要がある（中西ら2003の第5章 表5-2）．そして，高濃度の魚介類をたくさん食べる高リスク群の消費者の割合も考慮して，リスクを一定水準以下に抑えることを考えるだろう．また，この高リスク群が本人の意思に反した摂取なのかどうか，彼らのリスクを下げるために制度上できることの費用対効果や環境正義も考慮するだろう．ここで環境正義とは，環境保全と社会的正義の兼ね合いを意味し，富裕層が裕福な生活を送る人たちは質のよい環境で暮らすことができるが，弱者は劣悪な環境下での暮らしを強いられるという問題点を指摘したものである．

魚介類からの水銀摂取のリスクは国民の意識にも左右される．おそらく，交通事故件数は信号などの設備，飲酒運転や速度違反などの罰則強化とともに，歩行者への注意喚起などにも左右されるだろう．それと同じように，水銀濃度の高い魚介類の流通を規制するだけでなく，消費者の自己責任とすることも可能である．これは，大多数の人にとっては現行の食生活でリスクは十分低いからである．けれども，魚をたくさん食べる人にとっては，特に妊娠中の食生活には注意を払う必要があり，それを自主管理に委ねたわけである．1960年代には日本人全体の水銀摂取量は現在より10倍以上も高かったらしい（中西ら2003）．これは当時の農薬に含まれていた水銀が河川に流れて魚介類に蓄積され，それを食べたからだといわれる．これは自主管理では解

決できない．農薬の水銀使用を禁止し，魚介類の水銀濃度を下げることが必要だった．しかし，水銀濃度をゼロにはできないことから，水銀による胎児へのリスクの自主管理の道を選んだのだろう．

15.2　生態リスク管理の基本手続き

　リスクを社会的に解決するには，典型的には図 15.1 のような手順を踏む．これは豪州とニュージーランドで提案された流れ図である．まず，何か社会問題が生じたときに目的（図 15.1 ではゴール）が設定され，その目的を達成するのにどのようなリスクがあるかを識別し，それぞれのリスクがどの程度の大きさであるかを分析する．そしてそれぞれのリスクの大きさを査定した上で，対処する優先順位を決める．こうしてリスクを処理しながら，継続監視を続けて再評価し，必要に応じて管理計画を見直す．この一連の作業を繰り返すことがリスク管理である．

　各過程は，交信情報共有・相互理解と相談（communication and consultation）および，監視と点検・再評価（monitor and review）によって，効率的かつ効果的な運営を目指す．

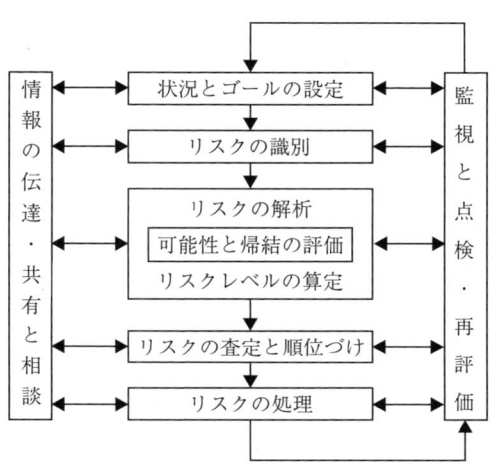

図 15.1　リスク評価・管理の一般的枠組み（浦野・松田編 2007 第 14 章より改変）

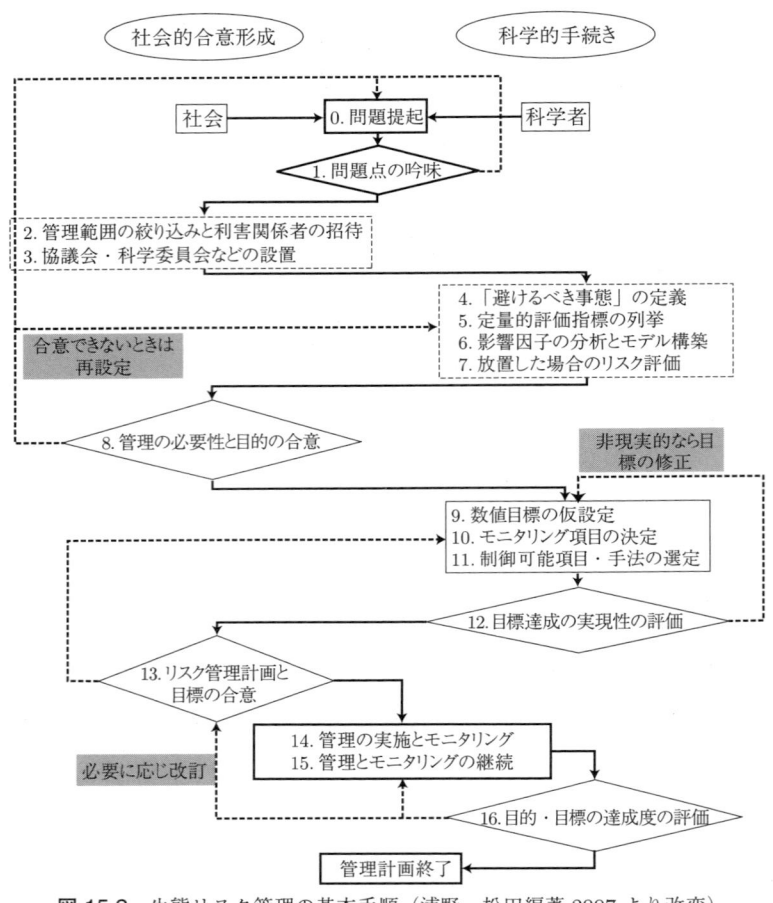

図 15.2 生態リスク管理の基本手順(浦野・松田編著 2007 より改変)

横浜国立大学 21 世紀 COE プログラム「生物・生態環境リスクマネジメント」では,図 15.2 のような管理手続きの基本手順を提案した(Rossberg *et al.* 2005).その際,利害関係者の招待,管理の必要性と目的の合意,管理計画と目標の合意の 2 つの節目で社会的合意を得ることの重要性が明記された.

言い換えれば,この基本手順は,管理目的を科学者だけで決めることができないことを踏まえている.第 4 章に漁獲可能量制度を紹介したときに,「資源回復目標の設定を学者だけに任せず,利害関係者の合意の下に定める制度

も導入される」と述べた．現時点では，回復目標は資源学者が定め，それを基に生物学的許容漁獲量（ABC）が提案されている．たとえばマサバを5年で回復させるのか，20年かけて回復させるのかでは，当年のABCも異なる．回復目標を漁業者が納得していなければ，提案されたABCについても合意はできない．そして，回復に要する年数は，生態学によって最適の解が導かれるわけではない．

もしも回復目標と，現在の資源状態，今後の再生産の見通しが合意できていれば，それに必要なABCなどの方策は科学的に導かれる．その際にさまざまな未実証の前提がおかれていることはリスク管理の常だが，明らかに目標を達成できないような方策をたてることはできない．

実際には，導かれる許容漁獲量が低すぎるならば，回復目標の方を見直さざるをえないこともあるだろう．いったん合意したものを安易に見直すべきではないが，利害関係者が同意するなら，見直すことができるだろう．実際に，国際管理機関であるミナミマグロ保存委員会（CCSBT）では，2020年までに1980年の資源水準にまで回復させることを，1989年に合意した（小松・遠藤 2002）．しかし，その後の資源状態から，今までのような漁業を続けていればこの数値目標が達成できないことが次第に明らかになり（松田 2000），CCSBTは1993年に数値目標を見直すことで合意したという．

もしも，一部の利害関係者が禁漁にしてでも数値目標達成を主張したならば，見直すことは難しかったかもしれない．しかし，CCSBTの目的にはミナミマグロ資源の保全と最適利用の確保が謳われており，利用できなくなる事態を避けることが，数値目標の達成より優先されたのだろう．

このように，上位の目的とそれを達成する方策である目標や管理計画の整合性や実現可能性を吟味すること，あるいは目的を達成する別の方策を検討することは科学者の重要な役割である．けれども，目的や目標自身は科学者でなく，社会の選択に委ねられるべきである．

自然再生推進法を契機に日本生態学会がまとめた報告書「自然再生事業指針」にも，似たような見解がある（松田ほか 2005）．この指針には26の原則が記されているが，その第23原則には「科学者が適切な役割を果たす」とあり，「自然再生事業に参画する科学者は，生物多様性の保全，生態系の健全性

の維持という視点から目標設定が妥当かどうか，目標が達成可能かどうかを点検する役割を担う．また，科学者は，その事業の目標が達成できないリスク，および好ましくない事態が生じるリスクはどれほどかなどを，ある仮定に基づいたモデルなどを用いて査定する役割も担う」と記されている．まさに，科学者はリスク評価を行うことが求められていると記されている．

15.3　国際捕鯨委員会

　国際捕鯨委員会（IWC）では，過去のシロナガスクジラなどの乱獲を受けて，持続可能な捕鯨により鯨類と捕鯨業者ならびに伝統捕鯨の存続を図ることを目的とした国際捕鯨取締条約に基づき，科学小委員会（SC）を設けている．
　第4章で紹介したオペレーティングモデルによる資源管理，順応的管理などはIWCの科学小委員会で発展してきた手法であり，科学者の役割が明確に示された先駆例といえるだろう．しかし，結局は科学者の提言が管理に活かされた例とはいえない．その最大の理由は，IWC設立の目的が骨抜きにされたからといえるだろう．IWCは，発足当初は捕鯨国中心だったが，非捕鯨国が多数派になり，科学小委員会が改訂管理方式（RMP）を定めるまでの商業捕鯨の一時停止，南氷洋とインド洋の聖域化などが加盟国の3/4の賛成で導入された．その後，世界中で推奨されることになった順応的なリスク管理の先進的な事例であるRMPが科学小委員会で合意されたにもかかわらず，その実施要綱を定める改訂管理制度（RMS）が合意されず，商業捕鯨は再開していない．
　IWCは鯨類の持続可能な利用を達成するために設立された機関なのであって，持続可能な利用そのものの是非を問う機関ではなかった．科学的に捕鯨が再開される案が浮上した段階で，南氷洋，インド洋などを聖域として捕鯨を永久に禁止する決議を行った．しかし，先住民の捕鯨は認められており，ノルウェーは不服申し立てを行ってRMPに基づく商業捕鯨を実行している．日本など一部の国の伝統捕鯨と大規模商業捕鯨は再開を阻まれ，条約で認められた調査捕鯨を続行しながら，2005年にはその捕獲枠を拡大している．
　条約の目的を合意してから科学委員会により数値目標を定め，実現可能性

を評価するという妥当なリスク管理手続きが踏襲されたにもかかわらず，反捕鯨国により当初の目的が事実上反故にされたことが，合意を困難にしているといえる（Stone 2001）．

　以上，リスクの科学について筆者なりに理解していることを説明した．リスクの科学は，今後ますます必要性が認識され，専門家も増え続けていくことだろう．しかし，学問として未熟であり，人によって説明内容が異なり，よりよい説明に置き換えるべきところが残されている．

演習問題

[36] 多くの学者の意見が存在する中で，管理シナリオをどのように決定しているのか？

引用文献

Band W, Madders M, Whitfield DP (2007) Developing field and analytical methods to assess avian collision risk at wind farms. In *Birds and Wind Power* (eds. de Lucas M, Janss G, Ferrer M), Lynx Edicions, Barcelona

Barlow J, Seven LS, Thomas CE, Paul RW (1995) *U.S. Marine Mammal Stock Assessments: Guidelines for Preparation, Background, and a Summary of the 1995 Assessments.* U.S. Dep. Commer., NOAA Tech. Memo. NMFS-OPR-6, pp.73

Bildstein KL (1998) Long-term counts of migrating raptors: a role for volunteers in wildlife research, *J. Wildlife Management.*, 62:435–445

カーソン RL 著・青樹築一 訳 (1964) 『沈黙の春』新潮社

コルボーン T, ダマノスキ D, マイヤーズ JP 著（長尾 力 訳）(1997) 『奪われし未来』翔泳社

Costanza R, d'Arge R, de Groot R, Farber S, Grasso M, Hannon B, Limburg K, Naeem S, O'Neill RV, Paruelo J, Raskin RG, Sutton P, van den Belt M (1997) The value of the world's ecosystem services and natural capital. *Nature*, 387:253–260

Desholm M, Kahlert J (2005) Avian collision risk at an offshore wind farm. *Biol. Lett.*, 1:296–298

Froese R, Binohlan C (2000) Empirical relationships to estimate asymptotic length, length at first maturity and length at maximum yield per recruit in fishes, with a simple method to evaluate length frequency data. *J. Fish Biol.*, 56:758–773

Hilborn R, Mangel M (1997) *The Ecological Detective: Confronting Models with Data*, Princeton University Press, NY, USA, 315pp

Holcombe GW, Benoi DA, Leonard EN (1979) Long-term effects of zinc exposures on brook trout (*Salvelinus fontinalis*). *Transactions of the American Fisheries Society.*, 108:76–87

Hondo H (2005) Life Cycle GHG Analysis of Power Generation Systems: Japanese Case. *Energy*, 30: 2042–2056

堀口敏宏 (1998) 有機スズ化合物と解散巻貝類の生殖器異常. 科学 68(7):546–551

伊藤公紀・本藤祐樹 (2007) バイオ燃料の可能性とリスク. 現代化学, 10月号 52–58

IUCN. 2001. *IUCN Red List Categories and Criteria: Version 3.1.* Prepared by the IUCN Species Survival Commission. IUCN, Gland, Switzerland and Cambridge, UK

巌佐 庸・箱山 洋 (1997) 個体数変動の確率性と絶滅のリスク評価. 遺伝 別冊, 9:106–114

勝川木綿・宮本健一・松田裕之・中西準子 (2004) 魚類個体群の生態リスクの簡易評価手法．保全生態学研究, 9:83–92

鬼頭秀一 (2004) リスクの科学と環境倫理『応用倫理学講義 2 環境』（丸山徳次 編）岩波書店所収, pp.116–138

Kaji K, Okada H, Yamanaka M, Matsuda H, Yabe T (2005) Irruption of a colonizing sika deer population. *J. Wildl. Manage.*, 68: 889–899

Kamo M, Naito W (2008) A novel approach for determining a population-level threshold in ecological risk assessment: a case study of zinc. *Human Ecological Risk Assessment*, in press

Katsukawa T (2004) A numerical investigation of the optimal control rule for decision-making in fisheries management. *Fish. Sci.*, 70:123–131

Kawai H, Yatsu A, Watanabe C, Mitani T, Katsukawa T, Matsuda H (2002) Recovery policy for chub mackerel stock using recruitment-per-spawning. *Fish. Sci.*, 68:961–969

国連ミレニアムエコシステム評価 編（横浜国立大学 21 世紀 COE 翻訳委員会 訳）(2007)『生態系サービスと人類の将来』オーム社

小松正之・遠藤 久 (2002)『国際マグロ裁判』岩波新書

Kotani K, Kakinaka M, Matsuda H (2008) Optimal escapement levels on renewable resource management under process uncertainty: Some implications of convex unit harvest cost. *Environmental Economics and Policy Studies*, in press

Lande R, Orzack SH (1988) Extinction dynamics of age-structured populations in a fluctuating environment. *Proc. Natl. Acad. Sci. USA*, 85:7418–7421

松田裕之 (1995)『「共生」とは何か—搾取と競争をこえた生物どうしの第三の関係』現代書館, pp.1–230

松田裕之 (2000)『環境生態学序説—持続可能な漁業，生物多様性の保全，生態系管理，環境影響評価の科学』共立出版

松田裕之 (2004)『ゼロからわかる生態学—環境，進化，持続可能性の科学』共立出版, pp.244

松田裕之 (2006) 鯨類とその餌生物である魚類との関係『海の利用と保全—野生動物との共存を目指して』（宮崎信之・青木一郎 編）サイエンティスト社, pp.202–223

Matsuda H, Kaji K, Uno H, Hirakawa H, Saitoh T (1999a) A management policy for sika deer based on sex-specific hunting. *Res. Popul. Eco.*, 41:139–149

Matsuda H, Yamauchi A, Matsumiya Y, Yamakawa T (1999b) Reproductive value, harvest value, impact multiplier as indicators for maximum sustainable fisheries. *Environmental Economics and Policy Studies*, 2:129–146

Matsuda H, Katsukawa T (2002) Fisheries Management Based on Ecosystem Dynamics and Feedback Control. *Fisheries Oceanography*, 11:366–370

松田裕之・安江尚孝・森山彰久 (2003) 数理シミュレーションによる個体群管理技

術の検討と生態系への影響評価『外来魚コクチバスの生態学的研究及び繁殖抑制技術の開発』(農林水産技術会議事務局編) pp.103–115

Matsuda H, Abrams PA (2006) Maximal yields from multi-species fisheries systems: rules for systems with multiple trophic levels. *Ecol. Appl.*, 16: 225–237

松田裕之・加藤 団 (2007) 外来種の生態リスク．日本水産学会誌，73:1141–1144

松田裕之・西川伸吾 (2007) 自然再生事業における十の助言と八つの戒め．日本ベントス学会誌，62:93–97

松田裕之・矢原徹一・石井信夫・金子与止男 編著 (2004)『ワシントン条約附属書掲載基準と水産資源の持続可能な利用』自然資源保全協会

松田裕之ほか 28 名（日本生態学会生態系管理専門委員会）(2005) 自然再生事業指針，保全生態学研究，10:63–75

宗田一男 (2007) レッドリスト掲載種判定のための維管束植物の絶滅リスク評価．横浜国立大学大学院環境情報学府修士論文，pp.1–59

Myers RA, Worm B (2003) Rapid worldwide depletion of predatory fish communities. *Nature*, 423:280–283

長井浩・世良晃彦 (2005) 国立公園の適地．国定公園の適地．太陽/風力エネルギー．講演論文集，日本太陽エネルギー学会/日本風力エネルギー協会

長崎孝俊 (2004) バラスト水問題への今後の対応．日本海難防止協会情報誌 海と安全，2004 年秋号 pp.24–27

中丸麻由子・巌佐 庸・中西準子 (2001) DDT の生態リスク評価：生物濃縮がもたらすセグロカモメ集団の絶滅リスクの試算．環境科学会誌，14:61–72

中西準子 (1996)『環境リスク論』岩波書店

中西準子 (2004)『環境リスク学—不安の海の羅針盤』日本評論社

中西準子・益永茂樹・松田裕之 編著 (2003)『演習 環境リスクを計算する』岩波書店

日本生態学会 編 (2002)『外来種ハンドブック』地人書館

大泰司紀之・和田一雄 編 (1999)『トドの回遊生態と保全』東海大学出版会

Oka T（岡 輝樹）(2006) Regional concurrence in the number of culled Asiatic black bears, *Ursus thibetanus. Mammal Study*, 31:79–85

Oka T（岡 敏弘）, Matsuda H, Kadono Y (2001) Ecological risk-benefit analysis of a wetland development based on risk assessment using 'expected loss of biodiversity'. *Risk Analysis*, 21:1011–1023

Pauly D (1980) On the interrelationships between natural mortality, growth parameters, and mean environmental temperature in 175 fish stocks. *Journal du conseil—Conseil international pour l'exploration de la mer*, 39:175–192

Roff DA (1992) *The evolution of life histories*. Chapman and Hall, New York

Rossberg AG, Matsuda H, Koike F, Amemiya T, Makino M, Morino M, Kubo T, Shimoide S, Nakai S, Katoh M, Shigeoka T, Urano K (2005) A guideline for ecological risk management procedures. *Landscape and Ecological*

Engineering, 1:221–228
Rouhi AM (1998) The squeeze on tributyltins: Former EPA adviser voices doubts over regulations restricting antifouling paints, *Chemical Engineering News*, April 27, 1998, pp.41–42
Satake A, Rudel TK (2007) Modeling the forest transition: forest scarcity and ecosystem service hypotheses. *Ecol. Appl.*, 17:2024–2036
Shea K, Amarasekare P, Kareiva P, Mangel M, Moore J, Murdoch WW, Noonburg E, Parma AM, Pascual MA, Possingham HP, Wilcox C, Yu D (1998) Management of populations in conservation, harvesting and control. *Trends Ecol. Evol. (TREE)*, 13:371–375
重定南奈子 (1992) 『侵入と伝播の数理生態学』東京大学出版
島田泰夫 (2006) 風力発電とバードストライク．生物科学, 57:233–242
島田泰夫・松田裕之 (2007) 風力発電事業における鳥類衝突リスク管理モデル．保全生態学研究, 12:124–142
森林野生動物研究会 編 (1997)『フィールド必携 森林野生動物の調査──生息数推定法と環境解析』共立出版
Smith LD, Wonham MJ, McCann LD, Ruiz GM, Hines AH, Carlton JT. (1999) Invasion pressure to a ballast-flooded estuary and an assessment of inoculant survival. *Biol. Invasions*, 1:67–68
Stone CD (2001) Summing Up: Whaling and Its Critics, In *Towards a sustainable whaling regime* (ed. Friedheim RL), University of Washington Press, Seattle and London, pp.269–291
Takekawa JY, Kurechi M, Orthmeyer DL, Sabano Y, Uemura S, Perry WM, Yee JL, (2000) A pacific spring migration route and breeding range expansion for greater white-fronted geese wintering in Japan. *Global Environmental Research*, 4:155–168
浦野紘平 編著 (2001)『化学物質のリスクコミュニケーション手法ガイド』ぎょうせい
浦野紘平・松田裕之 編著 (2007)『生態環境リスクマネジメントの基礎──生態系をなぜ，どうやって守るのか』オーム社, pp.1–209
矢原徹一・川窪伸光 責任編集 (2005)『保全と復元の生物学──野生生物を救う科学的思考』文一総合出版
Yamamura K, Matsuda H, Yokomizo H, Kaji K, Uno H, Tamada K, Kurumada T, Saitoh T, Hirakawa H (2008) Harvest-based Bayesian estimation of sika deer populations using state-space models. *Popul. Ecol.*, in press
谷津明彦 (2003) ABC 算定ルールと TAC 制度．水情報, 23(11):8–12
米山兼二郎・八木昇一・川村軍蔵 (1992) ティラピア *Tilapia mossambica* の釣られ易さの個体差．日水誌, 58:1867–1872
湯本貴和・松田裕之 編著 (2006)『世界遺産をシカが喰う──シカと森の生態学』文一総合出版, pp.1–213

演習問題回答案

　本書の演習の多くは唯一の正解はない．ほとんどは講義の受講者から寄せられた質問で，受講者メールリストで筆者または筆者のティーチングアシスタントが回答した内容を基にしている．

[1] リスク測定が実証的に行われない例はたくさんある．どんな前提（シナリオ）をおいても測りがたいこともある．そのときにも非定量的（非確率論的）リスクが用いられる．

[2] 未然防止とは既知の確率過程によって生じるリスクを避けることで，予防原則でいう予防とは，確率過程の実相が不明のまま，ある前提に基づいて確率（危険性）を予期し，それを避けること．ただし，予防接種の予防の英語はpreventionであり，訳語は統一されていない．

[3] より大きく見積もられる．10倍ではなく，100倍など．

[4] 感染者の死亡率を，高齢者の死亡率にしているため過大評価される．また，水道水以外の経路から塩素消毒された水を摂取する可能性を無視しているため，塩素殺菌による発癌リスクは過小評価される．

[5] 細菌の増殖に適した温度はその生物がもともと生育していた環境によるが，一般的には20〜40°Cといった温度で増殖率が最大になる（安藤昭一(1992)『微生物実験マニュアル』技報堂出版）．ジアルジア（*Giardia lamblia*）という原虫を塩素消毒で不活化する場合に必要なCT値は，一般的に低温度・高pH・高塩素濃度ほど高くなる．（保坂三継・猪俣明子(2006)モダンメディア，52 (7), 222–229）

[6] 米国で，毎日魚を35g摂取した被験者と全く魚を食べない被験者を追跡調査したところ，前者の心疾患率が有意に低下したといわれる．これが事実ならば，健康食品としての便益の方が大きいだろう．

[7] 略．各自試みよ．

[8] 密度効果は通常低密度の方が1個体あたりの自然増加率が増える．したがって，捕獲が唯一の減少要因の場合，禁漁すれば資源は回復するだろう．ただし，第7章で説明するように，人口学的確率性によって絶滅する場合があり，さらに個体数密度がある値よりも減少すると，繁殖の機会が低下するなどでそれ以降も減少し続ける場合があると考えられている．これをアリー効果と呼ぶ．

[9] だいたい，排他的に利用したい魚種についてTACを設定している．ほかの魚種は外国船がEEZ（排他的経済水域）まで踏み込んでこない．必ずしも資源管理が緊急に必要な魚種とは限らない．

[10] 実際に日露にまたがるスケトウダラ（オホーツク海系群など）ではこれが問題になっている．しかし，国別に資源を評価してTACを設定しているのが現状である．マグロなどの高度回遊性魚類については，国際管理を行っている．
[11] 結果を視覚的に説明するが，細かい説明までは理解されないだろう．公開しているMicrosoft Excelファイル（http://risk.kan.ynu.ac.jp/matsuda/2001/mackerel.xls）の中で，グラフを見せている．
[12] 母集団の最低値は常に標本値より低い．つまり，偏りがある．当然，調べた標本数が多い方が最低値は低くなるから，NOECは標本数に依存する．これに対して平均値，中央値，下から5％値などは必ずしも標本値の方が母集団より大きいとか小さいという偏りがなく，標本数が多いほど母集団の値に近づく．これを不偏推定値という．しかし，項目ごとに標本数が異なるとNOECは標本数の多いものほど低くなり，規制されることになる．
[13] 「べき」というのは価値観の問題で，科学を超えた議論である．しかし，価値観を相対化して科学的に比較することは可能で，環境倫理学という分野がある．漁業などは生物を殺して利用しているのであり，すべての個体への人為的影響を避けるならば，漁業もできない．実際に，欧米の動物学系大学の学生には，菜食主義者が半数を超えている研究室も少なくないという（その教授の世代には菜食主義者はまれである）．
[14] 人の健康リスクは死亡率と平均余命が評価指標だが，たとえば入院中の1日は0.8日などと割り引いて評価するquality of life（QOL）という概念が多用される．ただし，これは障害者差別につながりかねないという批判もある．QOLをどう評価するかは被験者本人が決めるのが原則とされているが，この原則を健康リスク評価に用いることは難しい．
[15] 個体数比，重量比，（魚ではまれだが）乾重量比などがある．種により大きさが異なる場合，個体数よりも重量の方が実態を表しているだろう．
[16] 捕食者となる外来種を駆除したからといって，一度失われた生態系は戻るとは限らない．また，事業を行う際には，オオクチバス・アメリカザリガニ・ヒシ・イトトンボ類のような食物網を考慮することも重要である．複雑に絡み合う食物網を考慮した生態系管理を考えても，「このオオクチバスを100匹駆除したら，イトトンボ類は10 kgは減る」などと量的な予測を立てるのは非常に難しい．だからこそ，保全事業を行いながら生態系に対するインパクトを監視し続け，手法・強度を柔軟に変えていく順応的管理が必要である．
[17] 直接的な被害として農業被害がある．間接的にはキュウリ，ニガウリ，トマトなどのミバエが寄生する植物を本土に移動させることは植物防疫法によって禁止されている．
[18] たとえば最近まで沖縄から紫芋は持ち込めなかった．これは沖縄の条例だったと思われる．
[19] 交配可能な種の侵入による遺伝的撹乱はすでに生じている．在来種であって

も，他地域からの再導入は行わないようにする必要があるだろう．交配可能な種に限らず，外来種が侵入してしまった際に，何をエンドポイントとするかは，行政，住民，その他利害関係者との合意形成により設定するべきである．外来種の「リスク管理」は，侵入を避ける点が強調されている．もちろんそれが一番だが，侵入してしまった場合にどうするかも本気で考えるべきである．根絶が一番だが，難しいことは覚悟すべきである．

[20] 減少率は判断基準の1つであり，必要に応じて他の基準も用いている．また，最終的な絶滅危惧種の記載は，減少率の計算結果も参考にした，植物の専門家（植物分類学会）などの意見を反映して作成されている．高山や離島，湧水など，極めて局所的に生育する種が，10年以上前から現状維持を保っているとしても，株数が少なく，生育環境が脆弱と判断される場合には，やはり絶滅リスクが小さくないと判断すべきだろう．

[21] 減り続けているからである．人口学的確率性や環境確率性がなければ，t年後の個体数は $N(t) = N(0)\exp(-rt)$ であり，$N(1)$ を下回るまでの絶滅までの待ち時間は正確に $T^* = [\ln N(0)]/r$ と求められる．この場合，T^* 年までの絶滅リスクは0で，T^* 年以後の絶滅リスクは急に1になる．人口学的確率性や環境確率性があれば，それに応じてリスクが T^* より早くから正になり，急に増加する．

[22] 減少要因の究明を指していると解釈して回答する．植物レッドリストの判定では，各調査員によるアンケートの中に，減少要因の見解を記載してもらっている．開発による生育地の消失などは現地調査員にはわかりやすい事象である．多くの場合は，減少要因は断定できないと思うが，ある程度推測することは可能である．それには，その種の生態や，過去から現在までに変化した要因（生息適地の変化や外来種との競合，乱獲の有無など）を把握する必要があるだろう．

[23] 現在の減少要因がそのまま継続されれば，遠くない将来に絶滅する確率が高いということを示しているが，現在の減少要因がなくなった場合には，いずれレッドリスト改訂の際にランクが変わるか，レッドリストの記載から外れることもあるだろう．

[24] ヒノキはスギやカラマツなどと同様に，木材生産のために植林されることが多い樹種である．植林された場合は，同程度の樹高や直径の株が列状に並ぶので判断しやすいだろう．自然分布の場合は，整然と株が並ぶこともなく，サイズもまちまちになる．なお，ヒノキ以外にも植栽される植物は多いが，民家や歩道の側に生育している場合は植栽と判断できる場合もある．また，植栽かどうかの判断は難しい場合もある．

[25] 局所的に隔離された環境が長期間継続すると，そこには独自の進化を遂げた種や，別亜種として扱われる個体群が集中的に分布することがある．離島や高山，洞窟などは，そのように局所的に隔離された状態が長期間続く場所とし

て成立しやすいようである．なお，世界的に見ると日本列島そのものがホットスポットであるという見解もある．

[26] ミンククジラが長らくリストされたが，今後は低度懸念種（LC）に格下げすることが検討されているといわれている．

[27] 10年前の判定でCR種が500種あれば，今では半分絶滅していてもよいはずなのに，11種といわれている．

[28] それも一案．ただし，毎年前年を目標にすると，どんどん悪くなっても歯止めが利かない．ある基準年を維持するという方がよいだろう．

[29] 漁獲高はわからないが，漁業者が減ればトドの被害が減り，駆除数が減るかもしれない．

[30] アザラシ，クマ，サメなどがある．

[31] 自然災害のリスクをゼロにはできない．ダムを造らなかったために被害が出た場合，国や行政，あるいはダム反対運動をする環境団体に賠償責任は生じる場合はまれだろう．しかし，現存するダムを撤去した場合，撤去以前から住んでいる下流住民に被害が出れば，賠償責任が生じるかもしれない．

[32] 変動する場合は，このようなきれいな数学的処理はできない．詳しくは『ゼロからわかる生態学』（松田裕之(2004)共立出版）の変動環境の章を参照．

[33] 1992年地球サミット以来，今までは予防原則として温暖化対策が行われていたが，地球温暖化は2007年IPCC第4次報告において現実に起きていると断定された．しかし，たとえ温暖化が深刻でなくても，化石燃料の枯渇は確実に生じており，再生エネルギーの開発は代替エネルギー資源として必要である．風力発電は太陽光発電とともに，その有力候補である．

[34] 点推定値は変わらないが，信頼区間はずっと広くなる．さらに，これ以外の想定外の誤差を考えれば，信頼区間はさらに広がるだろう．

[35] 正確な個体数でなくても，キムンカムイとウェンカムイを分けて，それぞれの個体数の増減傾向を知る必要がある．クマ出没マニュアルで通報されたクマの段階分けをしたり，捕獲個体の胃内容物を調べて農作物を食べているかを確認することなどによって，渡島半島では，その体制ができつつある．

[36] 学者同士ではそれほど意見の相違はない．むしろ深刻なのは利害関係者同士の対立である．その中でどのように管理方策を合意するかは，『生態リスクマネジメントの基礎』（浦野紘平・松田裕之 編(2007)オーム社）第2章を参照のこと．

索　引

[あ]

愛知万博 …………………… 130
アイヌ ……………………… 184
赤池の情報量基準 …………… 17
アライグマ ………………… 82
アリー効果 ………………… 87
アルコールエトキシレート …… 13
アロメトリー ……………… 61
安全係数 …………………… 31
イエローストーン国立公園 … 186
1日耐用摂取量 …………… 155
遺伝子組換え作物 …………… 3
遺伝的多様性 ……………… 126
インポセックス ……………… 12
ウェンカムイ管理論 ………… 184
エゾシカ …………………… 114
冤罪捕獲 …………………… 186
塩素消毒 …………………… 16
堰堤 ………………………… 119
お仕置き放獣 ……………… 185
オジロワシ ………………… 151
オプション価値 ……………… 9
オペレーティングモデル …… 198
温室効果ガス ……………… 146

[か]

外挿 ………………………… 19
改訂管理方式 ……………… 175
回復因子 …………………… 115
外部負経済 ………………… 8
外来種 ……………………… 65
外来種根絶 ………………… 79
外来種防除事業 ……………… 79
外来生物法 ……………… 3, 65
拡散係数 …………………… 90
拡散方程式 ………………… 89
拡大造林 …………………… 164
確認埋蔵量 ………………… 145
確率論的リスク ……………… 96
影の価格 …………………… 137
化石燃料 …………………… 145
仮想評価法 ………………… 8
過程誤差 ……………… 170, 171
加入1尾あたりの産卵数 …… 63
加入乱獲 …………………… 64
過分散 ……………………… 170
カルタヘナ法 ………………… 3
簡易生命表 ………………… 2
環境汚染 …………………… 113
環境確率性 ………………… 86
環境基準 ………………… 21, 50
環境経済学 ………………… 6
環境収容力 ………………… 36
環境省植物レッドリスト …… 98
環境正義 …………………… 12
間接排出 …………………… 147
危機管理 …………………… 186
気候変動に関する政府間パネル … 146
気候変動枠組み条約 ……… 146
規制科学 …………………… 194
キャッチ・アンド・イート …… 77
吸収壁条件 ………………… 90
急性毒性 …………………… 20
休廃止鉱山 ………………… 51
魚介類 ……………………… 25
漁獲可能量 ………………… 35
漁獲係数 …………………… 40

禁漁	38
空間分布	89
駆除	115
黒潮続流	46
経営リスク	159
景観	151
経済的割引率	86
継続監視	64
健康リスク	3
降水量	123
高リスク群	194
国際自然保護連合	95
国際捕鯨委員会	116
コクチバス駆除マニュアル	75
国内総生産	8
国民栄養調査	28
国連海洋法条約	35
個体群	53
個体数変動	55

[さ]

最小存続個体数	110
最小毒性量	31
再生産曲線	87
最節約原理	170
最大持続収穫量	36
最適持続個体数水準	115
最適防除方針	86
最尤法	168
サケ科魚類	120
里山	9, 183
サンゴ礁	8
産卵床	75
残留性有機汚染物質	50
シカ肉の有効利用	174
閾値ありのモデル	16
閾値なしのモデル	17
資源回復確率	43

資源管理	43
資源経済学	86
事後検証	39
自己相関	110
自主管理	27
自然攪乱	193
自然公園	150
自然再生事業指針	197
自然死亡係数	60, 61
事前分布	101
自然変動	42
持続可能な漁業	133
実現可能性	197
シナリオ	94
収穫価	135
自由貿易	46
種の感受性分布	53
種の保存法	116
種苗放流	9
狩猟	161
準絶滅危惧種	101
順応学習	39
順応的管理	39, 155, 176
初期リスク評価	58
食物連鎖	26
進化	126
人口学的確率性	86
進行波	91
侵略的外来生物	67
森林資源	86
水銀	25
生活史係数	61
生息地	128
生存曲線	1
生態系アプローチ	67
生態系過程	124
生態系管理	175
生態系サービス	6

生態毒性学 ·················· 15
生態リスク ··················· 3
成長乱獲 ··················· 133
生物学的許容漁獲量 ········· 37
生物学的潜在駆除数 ········ 115
生物多様性 ················· 124
生物多様性国家戦略 ····· 9, 107
生物多様性条約 ··········· 3, 74
制約つき効用最適化 ········ 142
世界自然遺産 ··············· 114
世界自然保護基金 ·········· 151
石油換算トン ··············· 145
石油ピーク仮説 ············ 145
設備利用率 ················· 155
説明責任 ··················· 173
絶滅危惧種 ·················· 93
ゼロリスク論 ················· 4
遷移 ······················· 124
先住民 ····················· 198
専門家の判断 ··············· 170
測定エンドポイント ·········· 93
測定誤差 ··················· 171

[た]

第1種の誤り ················· 4
対数尤度 ···················· 17
第2種の誤り ················· 4
太陽光発電 ················· 146
地球温暖化 ·············· 11, 146
中山間地域 ··············· 9, 164
鳥獣保護法 ················· 114
貯水量 ····················· 122
地理情報システム ··········· 92
ツキノワグマ ··············· 180
定量的解析 ················· 112
定量的構造活性相関 ········· 58
デルタ関数 ·················· 90
電気事業者による新エネルギー等の利
用に関する特別措置法 ······ 148
点源 ························ 50
天然記念物 ················· 151
投棄魚 ······················ 46
特定外来生物 ··············· 66
特定鳥獣保護管理計画制度 ··· 165
トド ······················· 109
鳥衝突リスク ··············· 151
トリハロメタン ·············· 21
トリブチルスズ ·············· 12
努力量 ······················ 82

[な]

内的自然増加率 ·········· 59, 109
内分泌撹乱作用 ·············· 13
鉛中毒 ····················· 176
生り年 ····················· 182
ニホンザル ················· 192
ニホンジカ ················· 114
ネガティブリスト ············ 74
年生存率 ··················· 55
燃料革命 ···················· 9
ノニルフェノール ············ 13

[は]

バイオエタノール燃料 ······ 146
排出基準 ··················· 49
排他的経済水域 ············· 35
売電価格 ··················· 159
ハザード ··················· 94
バラスト水 ················· 68
春グマ駆除 ················· 181
反射壁条件 ·················· 90
繁殖価 ····················· 135
繁殖成功率 ················· 124
非意図的導入 ··············· 74
干潟 ························ 8
ヒグマ ····················· 114

非点源 …………………………… 50
百分位数 ………………………… 112
評価エンドポイント …………… 64, 93
評価基準 ………………………… 175
評価指標 ………………………… 93
費用効果分析 …………………… 13
瓶首効果 ………………………… 126
フィードバック制御 …………… 39
風力発電 ………………………… 147
富栄養化 ………………………… 124
フォン・ベルタランフィーの成長曲線 59
負担配分の不均等 ……………… 144
船底塗料 ………………………… 72
不妊雄 …………………………… 79
分類群 …………………………… 95
平均寿命 ………………………… 1
ベイズ法 ………………………… 101
便宜置籍船 ……………………… 46
変心率 …………………………… 184
ベンゼン ………………………… 22
ポアソン分布 …………………… 170
放流量 …………………………… 122
捕獲効率 ………………………… 82
ポジティブリスト ……………… 74
保全生態学 ……………………… 15
ホワイトノイズ ………………… 109

[ま]

マイワシ ………………………… 41
マガン …………………………… 153
マサバ …………………………… 139
マングース ……………………… 82
慢性毒性 ………………………… 20
未成魚 …………………………… 134
密度依存拡散 …………………… 91
密度効果 ………………………… 36
未定乗数法 ……………………… 137

緑の国勢調査 …………………… 164
水俣病 …………………………… 28
ミナミマグロ …………………… 29, 97
ミナミマグロ保存委員会 ……… 197
無毒性量 ………………………… 31
猛禽類 …………………………… 150
目視調査 ………………………… 166
藻場 ……………………………… 8
問題グマ判断指針 ……………… 184

[や]

薬物反応曲線 …………………… 53
野生生物管理 …………………… 177
尤度 ……………………………… 167
ユニットリスク ………………… 21
予防原則 ………………………… 4
予防措置 ………………………… 38

[ら]

ライフサイクルアセスメント … 147
ライントランゼクト法 ………… 166
ラムサール条約 ………………… 153
乱獲 ……………………………… 42
ランキング ……………………… 93
リオ宣言 ………………………… 4
利害関係者 ……………………… 5
リスク因子 ……………………… 10
リスク管理の基本手順 ………… 196
リスクコミュニケーション …… 5
リスクトレードオフ …………… 11
リスク便益分析 ………………… 13
流入量 …………………………… 122
累積割引費用 …………………… 86
齢構造 …………………………… 55
レスリー行列 …………………… 54
レッドリスト …………………… 95
老化現象 ………………………… 1

[わ]

ワシントン条約 *4, 108*
割引価値 *135*

[欧文]

CPUE *82*
DDT *10*
EPT 指数 *51*
HC5 .... *53*
LC50 .... *19*
MSY *36*
PHC5 .... *56*
RPS 法 *148*
TBT *12*

生態リスク学入門――予防的順応的管理

Ecological Risk Science for Beginners
――*Precautionary Adaptive Management*

著 者

松田裕之（まつだ ひろゆき）

1985年 京都大学大学院理学研究科博士課程修了．日本医科大学助手，中央水産研究所主任研究官，九州大学助教授，東京大学助教授などを経て2003年より現職．
現　在 横浜国立大学環境情報研究院・教授・理学博士
著訳書 『死の科学』（共著，光文社，1990），『「共生」とは何か』（著，現代書館，1995），『つきあい方の科学』（訳，ミネルヴァ書房，1997），『数理生態学』（共著，共立出版/シリーズニューバイオフィジックス⑩，1997），『環境生態学序説』（著，共立出版，2000），演習環境リスクを計算する（共編，岩波書店，2003），『ゼロからわかる生態学』（著，共立出版，2004），『世界遺産をシカが喰う：シカと森の生態学』（共編，文一総合出版，2006），『生態環境リスクマネジメントの基礎』（共編，オーム社，2007）など

NDC 519.8, 468　　　　　　　　　　　　　　　　　　　　検印廃止

2008年3月15日　初版第1刷発行
2009年5月20日　初版第2刷発行

著　者　松田裕之 ©2008
発行者　南條光章
発行所　共立出版株式会社　[URL] http://www.kyoritsu-pub.co.jp/
　　　　〒112-8700　東京都文京区小日向4-6-19　電話 03-3947-2511（代表）
　　　　FAX 03-3947-2539（販売）　　　　　　 FAX 03-3944-8182（編集）
　　　　振替口座　00110-2-57035

印刷・製本　藤原印刷　　　　　　　　　　　　　　　Printed in Japan

ISBN 978-4-320-05667-1　　　　　　　　　社団法人
　　　　　　　　　　　　　　　　　　　　自然科学書協会
　　　　　　　　　　　　　　　　　　　　会員

JCLS ＜㈳日本著作出版権管理システム委託出版物＞
本書の無断複写は著作権法上での例外を除き禁じられています．複写される場合は，そのつど事前に㈳日本著作出版権管理システム（電話03-3817-5670，FAX03-3815-8199）の許諾を得てください．

日本生態学会 創立50周年記念出版

生態学事典

Enciclopedia of Ecology

編集：巌佐　庸・松本忠夫・菊沢喜八郎・日本生態学会
A5判・上製・約708頁・13,650円（税込）

「生態学」は，多様な生物の生き方，関係のネットワークを理解するマクロ生命科学です。特に近年，関連分野を取り込んで大きく変ぼうを遂げました。またその一方で，地球環境の変化や生物多様性の消失によって人類の生存基盤が危ぶまれるなか，「生態学」の重要性は急速に増してきています。そのようななか，本書は創立50周年を迎える日本生態学会が総力を挙げて編纂したものです。生態学会の内外に，命ある自然界のダイナミックな姿をご覧いただきたいと考えています。
『生態学事典』編者一同

7つの大課題

Ⅰ **基礎生態学**
Ⅱ **バイオーム・生態系・植生**
Ⅲ **分類群・生活型**
Ⅳ **応用生態学**
Ⅴ **研究手法**
Ⅵ **関連他分野**
Ⅶ **人名・教育・国際プロジェクト**

のもと，298名の執筆者による678項目の詳細な解説を五十音順に掲載。生態科学・環境科学・生命科学・生物学教育・保全や修復・生物資源管理をはじめ，生物や環境に関わる広い分野の方々にとって必読必携の事典。

共立出版
http://www.kyoritsu-pub.co.jp/